Abdunor Zhiyanov
Aider Nazarov

JUSTIFICAÇÃO DA TECNOLOGIA DE DETONAÇÃO NA ZONA DE CONTORNO DA PEDREIRA

Abdunor Zhiyanov
Aider Nazarov

JUSTIFICAÇÃO DA TECNOLOGIA DE DETONAÇÃO NA ZONA DE CONTORNO DA PEDREIRA

ScienciaScripts

Imprint

Any brand names and product names mentioned in this book are subject to trademark, brand or patent protection and are trademarks or registered trademarks of their respective holders. The use of brand names, product names, common names, trade names, product descriptions etc. even without a particular marking in this work is in no way to be construed to mean that such names may be regarded as unrestricted in respect of trademark and brand protection legislation and could thus be used by anyone.

Cover image: www.ingimage.com

This book is a translation from the original published under ISBN 978-620-7-48684-7.

Publisher:
Sciencia Scripts
is a trademark of
Dodo Books Indian Ocean Ltd. and OmniScriptum S.R.L publishing group

120 High Road, East Finchley, London, N2 9ED, United Kingdom
Str. Armeneasca 28/1, office 1, Chisinau MD-2012, Republic of Moldova, Europe
Managing Directors: Ieva Konstantinova, Victoria Ursu
info@omniscriptum.com

Printed at: see last page
ISBN: 978-620-8-52862-1

Copyright © Abdunor Zhiyanov, Aider Nazarov
Copyright © 2025 Dodo Books Indian Ocean Ltd. and OmniScriptum S.R.L publishing group

Conteúdo

A monografia contém estudos teóricos e experimentais da zonagem dos maciços instrumentais do campo de pedreiras, fundamentação geomecânica dos parâmetros dos lados da pedreira na zonagem dos maciços instrumentais, critério da zonagem do campo de pedreiras na estabilidade dos taludes, estudo do estado atual das condições geomecânicas dos maciços rochosos dos depósitos Amantaytau do Norte e Central, estudos laboratoriais sobre a determinação das caraterísticas geológicas de engenharia das rochas do depósito, fundamentação teórica das caraterísticas geomecânicas das rochas do depósito, teoria das caraterísticas geomecânicas dos maciços rochosos do campo de pedreiras, fundamentação geomecânica dos maciços rochosos dos depósitos Amantaytau do Centro e do Norte.

A monografia será útil para professores e estudantes de universidades e faculdades mineiras, engenheiros e técnicos de empresas mineiras e institutos de investigação e design.

INTRODUÇÃO

A prática mundial de exploração de minerais a céu aberto caracteriza-se pelo envolvimento de campos com condições mineiras e geológicas complexas. A análise das pesquisas da prática mundial de zoneamento dos maciços de instrumentos de um campo de pedreira sobre a estabilidade dos declives e a fundamentação geomecânica dos parâmetros dos lados das pedreiras no zoneamento e o critério de zoneamento de um campo de pedreira sobre a estabilidade dos declives no tempo determinado são estudados, não o suficiente. Neste contexto, é necessário prestar especial atenção ao zonamento na divisão do campo da pedreira em áreas com condições únicas de estabilidade dos taludes, perfurabilidade, explosividade, escavabilidade das rochas, determinando uma abordagem unificada para a conceção e organização das operações mineiras.

Até à data, o mundo está a realizar investigação científica sobre o zoneamento do campo de karer sobre a explosividade das rochas e pode ser realizada com base em mapeamento geológico e estrutural com o envolvimento de materiais de exploração detalhada de depósitos. A este respeito, é dada especial atenção ao facto de a resistência das rochas ser determinada pela sua pertença a um ou outro litotipo geológico de engenharia e, dentro de um litotipo, é tida em conta na gradação das rochas pela sua capacidade de bloqueio. A questão mais importante no zonamento é a escolha dos critérios de zonamento - um ou vários valores para dividir o objeto em áreas dentro das quais as condições são relativamente as mesmas. Assim, o coeficiente de estabilidade igual à unidade deve ser tomado como um valor limite para dividir o declive da carreira em áreas estáveis e instáveis, nas quais as forças de retenção e de cisalhamento no declive são iguais, menos do que a unidade - o declive não é estável. O desenvolvimento de métodos de zonagem geométrica mineira dos campos de carer, a justificação teórica dos parâmetros físicos e mecânicos do maciço rochoso, o estabelecimento de parâmetros-limite do ângulo de inclinação dos lados e a tecnologia de detonação da zona instrumental de carer nas condições técnicas de desenvolvimento para melhorar a eficiência e a segurança das operações mineiras é um problema urgente da ciência e da prática da produção mineira, cuja solução contribui para melhorar a eficiência económica das empresas.

Os cientistas P. P. Bastan, V.A. Bukrinsky, G.I. Vilesov, V.M. Gudkov, A.B. Kalichenko, A.B. Kamdan contribuíram significativamente para o desenvolvimento dos fundamentos, desenvolvimento da teoria e questões metodológicas da avaliação da variabilidade e modelação de vários indicadores de depósitos, avaliação das condições geomecânicas e questões de avaliação das condições tecnológicas mineiras de desenvolvimento - capacidade de perfuração, explosividade, escavabilidade das rochas e zonagem dos lados da pedreira por estabilidade.P. Bastan, V. A. Bukrinsky, G. I. Vilesov, V. M. Gudkov, V. M. Kalichenko, A. B. Kamdan, A. U. Margolin, V. F. Myagkov, M. V. Ratz, P. A. Ryzhov, P. K. Sobolevsky, I. N. Ushakov, V. N. Ushakov, V. N. Ushakov, V. N. Ushakov, V. N. Ushakov e P. K. Sobolevsky.N. Ushakov, V.S. Khokhryakov, L.I. Chetverikov, B.G. Afanasyev, A.M. Galperin, A.M. Demin, V.G. Zoteev, A.I. Ilyin, V.A. Mironenko, R.P. Skatov, M.E. Pevzner, V.N. Popov, I.I. Popov, S.I. Popov, V.D. Polovovov, V.T. Sapozhnikov, Yu.I. Baron, Y.I. Belyakov, O.N. Golubintsev, B.N. Kutuzov, V.I. Molchanov, V.I. Mosinets, B.R. Rakishev, V.K. Rubtsov, V.V. Rzhevskii, I.A. Tangaev, etc.

Na República do Uzbequistão, V.R. Rakhimov, B.R. Raimzhanov, S.S. Saidkasimov, K.D. Salamova, F.Y. Umarov, S.S. Zairov, Z.S. Nazarov e outros deram um contributo significativo para o estudo do estado geomecânico do maciço rochoso durante o desenvolvimento de depósitos minerais por extração a céu aberto.

No entanto, até à data, não foram estudadas as relações entre os indicadores da zonagem geológica de engenharia e os parâmetros geomecânicos, os processos tecnológicos de produção mineira e os métodos de zonagem geométrica das faces das pedreiras por estabilidade e por condições físicas e técnicas, o que limita a utilização dos resultados da geometrização na conceção e exploração das pedreiras.

Assim, a zonagem de vertentes sobre a estabilidade, tendo em conta as condições geomecânicas do maciço rochoso, e a justificação da tecnologia de desmonte na zona de contorno da mina a céu aberto constituem uma orientação importante para garantir a eficiência e a segurança das operações mineiras.

CAPÍTULO 1

ANÁLISE DE ESTUDOS DA PRÁTICA MUNDIAL ZONAGEM DE MACIÇOS DE INSTRUMENTOS DE PEDREIRA CAMPOS DE ESTABILIDADE DE TALUDES

§ 1.1. Análise da prática mundial de zonamento de maciços maciços de campos de pedreiras

O zonamento das condições físicas e técnicas de desenvolvimento é um conjunto de operações efectuadas para avaliar e prever a estabilidade dos taludes, a capacidade de perfuração, a explosividade, a escavabilidade das rochas em diferentes partes do campo a céu aberto. As principais operações (elementos) de zonagem são: seleção do indicador de zonagem (índice); determinação dos parâmetros informativos (factores de influência); estabelecimento da relação entre os parâmetros informativos e o índice de zonagem; cálculo do indicador de zonagem; seleção do critério de zonagem e preparação do mapa de previsão.

As condições de desenvolvimento físico e técnico As condições de desenvolvimento físico e técnico são determinadas por

interação de dois grupos de factores - naturais e tecnológicos. Os factores naturais mais importantes que afectam a estabilidade dos taludes a céu aberto e os processos tecnológicos da exploração mineira a céu aberto são as propriedades físicas e mecânicas das rochas, a estrutura estrutural e tectónica do maciço, as condições hidrogeológicas e sísmicas.

Para avaliar as condições geomecânicas e tecnológicas de desenvolvimento, é necessário realizar investigações para estabelecer a natureza da variabilidade espacial dos factores naturais, a modelização matemática e a cartografia da sua localização no maciço.

Os trabalhos de P.P. Bastan, V.A. Bukrinskiy, G.I. Vilesov, V.M. Gudkov, V.M. Kalichenko, A.B. Kamdan, A.M. Margolin, V.F. Mykolaev e V.F. Kamdan são dedicados ao desenvolvimento de questões teóricas e metodológicas de avaliação da variabilidade e modelação da localização de vários indicadores de campo. Bukrinsky, G.I. Vilesov, V.M. Gudkov, V.M. Kalichenko, A.B. Kamdan, A.M. Margolin, V.F. Myagkov, M.V. Rats, P.A. Ryzhov, P.K. Sobolevsky, I.N. Ushakov, V.S. Khokhryakov, L.I. Chetverikov, etc. [1-12].

As particularidades das informações iniciais sobre as propriedades físicas e mecânicas das rochas obtidas na fase de exploração no terreno (volume limitado, irregularidade da localização dos pontos de amostragem, multiplicidade de valores do indicador de propriedade em cada ponto de amostragem), dificultam a utilização de uma série de métodos tradicionais de estudo da variabilidade espacial. Por conseguinte, é necessário desenvolver uma metodologia especial para a análise geométrica mineira da localização destes indicadores de propriedade.

Análise dos estudos sobre as questões de avaliação das condições geomecânicas de desenvolvimento efectuados por B.G. Afanasiev, A.M. Galperin, A.M. Demin, V.G. Zoteev, A.I. Ilyin, V.A. Mironenko, R.P. Skatov, M.E. Pevzner, V.N. Popov, I.I. Popov, S.I. Popov, V.D. Polovovov, V.G. Sapozhnikov. Pevzner, V.N. Popov, I.I. Popov, S.I. Popov, V.D. Polovovov, V.G. Sapozhnikov, Yu. [13-23] mostraram que, atualmente, os métodos mais bem desenvolvidos para avaliar a estabilidade dos taludes de pedreiras se baseiam na teoria do equilíbrio limite. Para efeitos de zonagem dos campos de pedreiras de acordo com as condições geomecânicas de desenvolvimento, o sistema pontual de avaliação da estabilidade de taludes representa uma vasta gama de possibilidades. A sua essência consiste no facto de que cada fator que influencia a estabilidade do talude recebe uma determinada pontuação, e a soma das pontuações de todos os factores caracteriza a estabilidade do talude em condições específicas de desenvolvimento do campo. As desvantagens dos métodos de pontuação conhecidos para a avaliação da estabilidade são as seguintes: consideração incompleta dos principais factores que afectam a estabilidade; validade insuficiente dos valores numéricos das pontuações dos diferentes factores; impossibilidade de determinar indicadores de estabilidade do talude (fator de reserva de estabilidade) ou parâmetros de estabilidade do talude (ângulo do talude, altura).

A este respeito, o desenvolvimento de um sistema de pontuação fiável para avaliar a estabilidade dos taludes com base na teoria do equilíbrio limite e uma metodologia para a zonagem das condições geomecânicas continuam a ser importantes desafios de investigação.

Estudos sobre as questões de avaliação das condições tecnológicas de desenvolvimento mineiro - capacidade de perfuração, explosividade, escavabilidade das rochas foram realizados por L.I. Baron, Y.I. Belyakov, O.N. Golubintsev, B.N. Kutuzov, V.I. Molchanov, V.N. Mosinets, B.R. Rakishev, V.K. Rubtsov, V.V. Rzhevsky, I.A. Tangayev e outros. Rzhevskii, I.A. Tangaev, e outros. [24-32], com base nos resultados da análise dos seus trabalhos, estabeleceu-se que, como indicadores de zonagem, é aconselhável utilizar as caraterísticas das propriedades tecnológicas, cuja determinação é possível com base nas dependências das propriedades físicas e mecânicas das rochas. Assim, será possível efetuar uma avaliação preditiva das condições de desenvolvimento com base nos resultados da exploração geológica.

Os autores do artigo Rybin V.V., Potapov D.A., Kalyuzhny A.S. [33] realizaram estudos sobre a zonagem do campo a céu aberto do depósito Oleniy Ruchey por profundidade, utilizando a classificação geomecânica do Professor D. Lobshir.

O depósito de Oleniy Ruchey está localizado na parte sudeste do maciço de Khibiny da Federação Russa. Os corpos de minério do depósito têm uma estrutura multicamada, e o lado sobrejacente do depósito está em contacto com ricechorrites, na zona de conjugação com khibinites. Para além dos ricechorrites, ocorrem foyaites no lado da parede suspensa do depósito. Para além destes tipos principais de rochas hospedeiras, as lentes de minérios de apatite-nefelina alternam com urtites do tipo gnaisse, ijolitos, melteigitos e outras rochas hospedeiras [34].

A maior falha estrutural no depósito de Oleniy Ruchey é a Falha Principal. A falha principal tem tendência para nordeste e mergulha para noroeste com ângulos de aproximadamente 40 a 45^0. A falha principal é o principal fator que controla a variabilidade dos parâmetros das heterogeneidades estruturais do maciço rochoso no campo da pedreira [34].

Na fase de exploração pormenorizada e de refinamento das reservas, em meados da década de 1980 do século passado, as propriedades físicas e mecânicas dos minérios e das rochas hospedeiras foram determinadas através do exame de amostras feitas a partir de núcleos de poços profundos (mais de 1 km) [35]. Os indicadores de algumas propriedades físicas das rochas são apresentados em [36].

Estes dados, em particular os valores elevados das resistências à tração, indicam que todos os principais tipos de rochas hospedeiras pertencem à categoria das rochas fortes. O coeficiente de fragilidade (razão $_{aszh/ar}$) em todos os casos é superior a 10, o que indica a tendência destas rochas para a fratura frágil. O valor da velocidade das ondas nas rochas varia entre 2,3 e 5,8 km/s, o que também é caraterístico das rochas fortes.

Em 2010, foram realizados estudos adicionais das propriedades físicas dos principais tipos de rocha na parte superior do depósito para avaliar a estabilidade da mina a céu aberto planeada no depósito de Oleniy Ruchey [37].

Da análise dos dados sobre as propriedades físicas das rochas, é óbvio que os valores dos índices de resistência determinados na década de 1980 são significativamente mais elevados em comparação com os dados de 2010. A razão mais provável para este facto é que, nas determinações de 2010, a amostragem foi realizada na parte superior do depósito, ou seja, em formações rochosas desgastadas e fracturadas.

Verifica-se também que, com a profundidade, a perturbação e a fracturação do maciço rochoso diminuem, o que conduz a parâmetros mais elevados das propriedades físicas e mecânicas das rochas no maciço.

Para ter em conta a influência dos parâmetros do estado de tensão-deformação na estabilidade do maciço instrumental, foi previsto o estado de tensão natural do maciço rochoso do campo. Como resultado, foram identificadas três zonas caraterísticas pelo nível de tensões actuantes [36]:

I - zona de tensão fraca (σ_3 < 20 MPa), desde a superfície até uma profundidade de 400 m;

< II - zona de tensão média (20 MPa < σ_3 40 MPa), de 400 a 1000 m;

III - zona de grande tensão (σ_3 > 40 MPa), acima de 1000 m.

De acordo com os indicadores de fracturação do núcleo e o carácter da sua dispersão, foram também distinguidas 3 zonas de acordo com a profundidade do depósito [35]: até 400 m; de 400 a 1000 m, mais de 1000 m.

A zona superior até 400 m de profundidade é caracterizada por um aumento da fracturação, o que se deve muito provavelmente à presença de uma zona de meteorização, ou seja, uma zona de rochas enfraquecidas, tal como observado pelos dados sísmicos. Os valores das tensões actuantes nesta zona são significativamente mais baixos do que a maiores profundidades.

Na segunda zona, a uma profundidade de 400 a 1000 m, manifesta-se o descolamento do núcleo, que se limita principalmente a zonas de rochas de elevada resistência (urtites, ijolitos). As rochas desta zona são menos fracturadas.

Na terceira zona, a profundidades superiores a 1000 m, é evidente a ocorrência de descolamentos do núcleo em intervalos muito maiores, indicando um valor mais elevado de tensões activas no maciço rochoso e uma intensidade de fracturação muito menor.

Com base nos materiais disponíveis sobre o estado geomecânico do depósito, é possível determinar a classificação geomecânica do maciço rochoso. Recentemente, tornou-se muito popular a classificação geomecânica MRMR (a seguir designada *RL*), desenvolvida no estrangeiro pelo Prof. D. Lobshire, que tem sido amplamente utilizada nos países ocidentais desde meados dos anos 70 do século passado [38, 39]. A metodologia permite determinar, numa fase preliminar, os principais parâmetros das operações mineiras com base nos resultados da exploração geológica, o que é muito útil para a avaliação preliminar da estabilidade dos flancos das minas a céu aberto.

O algoritmo de determinação do indicador de classificação *RL* é apresentado na Fig. 1.1. O esquema mostra que o valor da classificação *RL* é determinado pela soma das classificações parciais que têm em conta as caraterísticas de resistência do maciço, as caraterísticas quantitativas e qualitativas da fracturação, que são ainda multiplicadas pelos factores de correção da meteorização, da orientação das fissuras, do estado de tensão, da hidrogeologia, etc. O valor da classificação *RL* é determinado pela soma das classificações parciais que têm em conta as caraterísticas de resistência do maciço, as caraterísticas quantitativas e qualitativas da fracturação, que são ainda multiplicadas pelos factores de correção da meteorização, da orientação das fissuras, do estado de tensão, da hidrogeologia, etc.

O valor da classificação RL é expresso pela seguinte fórmula:

$$R_L = \left(R \cdot \sigma_{бл} + R_{кт} + R_{ут}\right) \cdot k, \qquad (1.1)$$

em que $R\sigma bl$ - resistência do bloco rochoso; R_{KT} - classificação por número de fissuras; R_{ym} - classificação das condições de fracturação; k - coeficientes que têm em conta a meteorização, a orientação das fissuras, as tensões no maciço, a detonação, a presença de afluxos de água subterrânea.

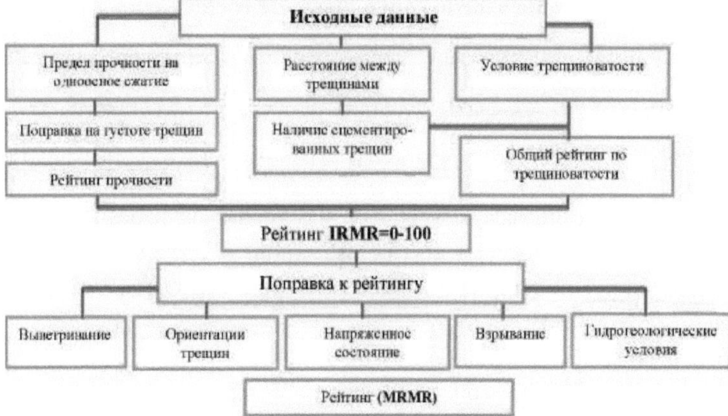

Figura 1.1. Algoritmo para determinar o indicador de classificação RL de acordo com a classificação do Professor D. Lobshire

De acordo com a Tabela 1.1 desenvolvida pelo Professor D. Lobshire, os resultados do cálculo da classificação RL mostram que as rochas do depósito Oleniy Ruchey na parte superior do depósito até uma profundidade de 100 m, exceto os depósitos de morena sobrejacentes, pertencem à Classe 4 e são caracterizadas por baixa estabilidade. As rochas a uma profundidade de 100 a 300 m, quando sujeitas a tensões tectónicas baixas, pertencem à terceira classe e caracterizam-se por uma estabilidade média, mas quando sujeitas a tensões tectónicas elevadas pertencem à segunda classe e caracterizam-se por uma boa estabilidade. A partir dos 300 metros de profundidade, as rochas têm uma boa estabilidade e pertencem mais à segunda classe.

Quadro 1.1.

Valores de classificação *RL* de acordo com a classe de rocha por Lobshear

Classificação *RL*	81-100	61-80	41-60	21-40	5-20
Classe da raça Lobshire	1	2	3	4	5

A. Hines e P. Terbrugge [40] desenvolveram recomendações para a seleção de valores aproximados dos ângulos de inclinação dos poços com base na classificação MRMR calculada. Estas recomendações são apresentadas no Quadro 1.2.

Quadro 1.2.

Valores aproximados dos ângulos de inclinação das paredes dos poços em função da classe de rocha de acordo com a classe de rocha

Classe de raça	1	2	3	4	5
Ângulo de inclinação da face da pedreira	75°±5°	65°±5°	55°±5°	45°±5°	35°±5°

Com base na classificação *RL* calculada das rochas do depósito de Oleniy Ruchey para a mina a céu aberto, as seguintes opções de ângulos de inclinação lateral podem ser recomendadas para consideração como uma primeira aproximação:

- para profundidades até 100 metros - 35-500 ,
- para profundidades de 100 a 300 metros - 50-600,
- a mais de 300 metros de profundidade - para 65^0.

Graficamente, a zonagem dos resultados da classificação por profundidade é apresentada num dos transectos, Figura 1.2.

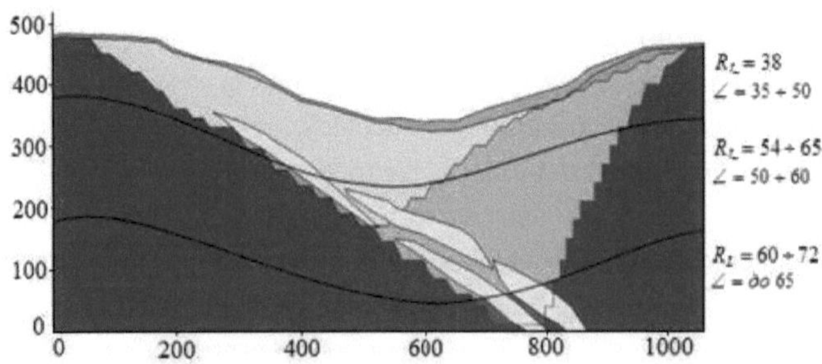

(laranja - camada de sedimentos da morena, azul e vermelho - possíveis contornos da cava, verde claro - corpos de minério, preto - corpos de minério).

(laranja - camada de sedimentos de morena, azul e vermelho - possíveis contornos da cava, verde claro - corpos de minério, preto - preto limite condicional da divisão indicadora de classificação, cinzento escuro - rochas hospedeiras).

rochas hospedeiras)

Figura 1.2. Secção 32+50 m com a posição dos limites condicionais das classificações

Note-se que o cálculo dos valores de *RL* não teve em conta o tipo de operações de perfuração e de desmonte. A utilização de granalhagem de contorno contribuirá para a correspondência do estado real da parte próxima do contorno do maciço rochoso com os resultados do cálculo das classificações.

A avaliação da estabilidade dos maciços de instrumentos de minas a céu aberto profundas e o seu zonamento pelo fator de estabilidade são considerados nos trabalhos de Nizametdinov F.K., Urdubaeva R.A., Ananin A.I. e Ozhigina S.B. sobre o exemplo da mina a céu aberto Sokolovskiy da JSC "SSGPO" [41]. [41].

Para avaliar a estabilidade dos taludes das pedreiras em VNIItsvetmet, foi desenvolvido um pacote de software "BORT". O algoritmo do complexo de software "BORT" baseia-se na teoria do equilíbrio limite das rochas [42-44], segundo a qual a violação da estabilidade do talude da pedreira ocorre sob a forma de colapso ou deslizamento das rochas na superfície de deslizamento, que é uma combinação de secções rectilíneas e curvilíneas.

De acordo com as disposições aceites, constrói-se uma superfície de deslizamento para um determinado ponto do lado do fosso ou da escarpa e calcula-se o fator de estabilidade n, que é calculado como o rácio das somas das forças de corte e de restrição que actuam na superfície de deslizamento. No intervalo especificado da superfície de talude em consideração, a dependência $n=f(Bi)$ é traçada e o fator de estabilidade mínimo e a largura do possível prisma de colapso são determinados.

O pacote de software BORT implementa o método de enumeração direta de todas as posições possíveis da linha de deslizamento com um passo incremental fixo. O esquema de cálculo desenvolvido na KSTU [45] pelo Prof. Popov I.I., Prof. Shpakov P.S., Prof. Poklad G.G. e outros foi utilizado como base para o desenvolvimento do programa de simulação por computador.

O pacote de software é desenvolvido no ambiente de programação Delphi,

concebido para utilização em computadores pessoais com Windows-95 e superior.
O sistema de software permite avaliar a estabilidade de qualquer configuração da prancha e calcular o fator de estabilidade do talude em qualquer ponto da prancha, para um determinado contorno e certas caraterísticas mecânicas das rochas (coesão, ângulo de atrito interno, peso volumétrico).
A particularidade do complexo de software "BORT" é que o seu algoritmo permite resolver não só um problema plano numa secção da face da pedreira, mas também obter uma solução volumétrica quando os resultados do cálculo são utilizados em conjunto com o sistema de geoinformação Surpac.
O desenvolvimento das capacidades do sistema de software "BORT" consiste no desenvolvimento de uma série de tecnologias para a sua utilização conjunta com o sistema de geoinformação Surpac, tanto para a preparação de dados iniciais de alta qualidade para os cálculos como para o processamento em grupo dos resultados dos cálculos para secções individuais. Em particular, uma das tecnologias desenvolvidas permite apresentar uma série de resultados de cálculo para secções individuais sob a forma de um mapa de estabilidade da cava, o que torna possível efetuar a zonagem dos lados da cava por fator de estabilidade.
Os principais dados de entrada para a avaliação da estabilidade das paredes das pedreiras utilizando o complexo de software "BORT" são os índices médios ponderados de peso volumétrico, coesão e ângulo de atrito interno incluídos na secção transversal calculada das rochas do maciço do aparelho da pedreira.
Na avaliação da estabilidade dos maciços adjacentes da mina a céu aberto de Sokolovskoe, foi utilizado um leque de secções, cobrindo uniformemente a face da pedreira e, se possível, localizado perpendicularmente às saliências da face com as secções de desenho mais típicas da face da pedreira Fig.1.3.

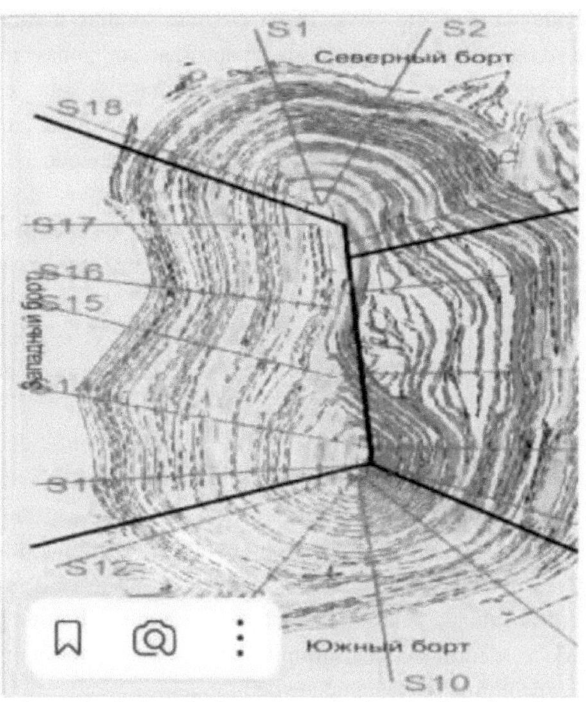

Fig.1.3 Secções calculadas da face da pedreira de Sokolovskoye

Ao exportar os resultados do cálculo do sistema de software BORT para todas as secções transversais calculadas para o sistema de geoinformação Surpac, obteve-se um modelo combinado da mina a céu aberto de Sokolovskoye, apresentado na Figura 1.4.

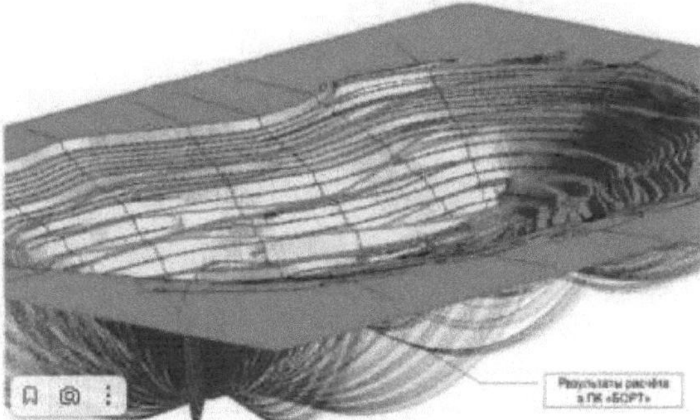

Fig.1.4 Combinação do modelo volumétrico da pedreira com os resultados dos cálculos efectuados no programa informático "BORT

O modelo digital fundido obtido foi utilizado no desenvolvimento do mapa de estabilidade da pedreira. Este mapa permite avaliar a diminuição da estabilidade das paredes da pedreira, identificar as zonas mais fracas, desenvolver e modelar medidas para melhorar a sua estabilidade. Simultaneamente, é possível estimar o âmbito dos trabalhos para criar um prisma de rolha ou para descarregar as paredes, aplanando os taludes da pedreira, etc.

O fator de segurança para todas as secções calculadas é superior a 1: o valor mínimo do fator de segurança é 1,11 para a secção *S11* no lado sul da pedreira.

Os autores Dunayev V.A., Serem S.S., Gerasimov A.V. e Absatarov S.H. desenvolveram uma metodologia para a zonagem dos campos de pedreiras em função da blocagem e da explosividade das rochas [46].

Os estudos de longo prazo dos autores nos depósitos de quartzitos ferruginosos em exploração na bacia do KMA mostraram que a sua zonagem por explosividade das rochas pode ser efectuada com base na cartografia geológica e estrutural das pedreiras em exploração com a utilização de materiais de exploração detalhados dos depósitos. Neste caso, a resistência das rochas é determinada pela sua pertença a um ou outro litotipo geológico e de engenharia e, dentro de um litotipo, é tida em conta na gradação das rochas de acordo com a sua capacidade de bloqueio.

Nos maciços dobrados complexos de rochas metamórficas, a blocagem é criada principalmente por fracturas de três sistemas mutuamente ortogonais *M* - ao longo da estratificação das rochas, *N* - transversal ao seu ataque, *K* - subparalelo ao ataque das rochas e subperpendicular à sua estratificação.

Tendo em conta o exposto, é necessário e suficiente medir a orientação das fissuras de diferentes sistemas e a distância entre fissuras em cada sistema durante os estudos de fracturação in situ, o que evita erros na interpretação dos resultados obtidos.

Os factores determinantes da resistência à fratura explosiva das rochas metamórficas (blocagem e resistência) são causados pelos mesmos factores e alteram-se de forma coordenada sob a sua influência, revelando uma correlação direta entre eles.

Em primeiro lugar, o fator litológico manifesta-se no aumento regular da bloquidade e da resistência das rochas metamórficas na seguinte sequência: xistos - arenitos quartzíticos - quartzitos ferruginosos minério - quartzitos ferruginosos pouco minério.

Em segundo lugar, todos os tipos de rocha se caracterizam por um aumento da sua capacidade de bloqueio e resistência na direção das asas para as dobras. Este fenómeno reflecte a influência do fator estrutural. Uma explicação da sua origem é dada em [47].

Em terceiro lugar, o fator hipergénico provocou um aumento da bloquidade e da resistência da rocha com a profundidade. A meteorização física e o descarregamento hipergénico do maciço conduziram à alteração direcional da blocagem acima referida, e a meteorização química conduziu à alteração da resistência das rochas.

A relação direta entre a bloquacidade e a resistência das rochas metamórficas é caraterística dos depósitos de quartzitos ferruginosos da bacia de Krivoy Rog.

Duas conclusões importantes decorrem da relação estabelecida entre a blocagem e a resistência da rocha nos maciços de depósitos de quartzitos ferruginosos:

- desde que o maciço esteja bem estudado em termos de fracturação das rochas (bloqueios), a sua resistência (dentro do litotipo geológico de engenharia) é automaticamente tida em conta na classificação e esquema de zonamento do maciço por resistência das rochas, ou seja, esta classificação e esquema reflectem adequadamente a gradação das categorias de explosividade das rochas e a sua colocação no terreno da pedreira. Assim, é possível evitar um grande volume de ensaios físicos e mecânicos dispendiosos de amostras de rocha, que seriam necessários para uma zonagem fiável do maciço por resistência da rocha, dada a sua elevada variabilidade dentro do litotipo.
- As pedreiras que desenvolvem depósitos de quartzitos ferruginosos são objectos favoráveis para a introdução de um sistema automatizado de determinação da explosividade das rochas no processo de perfuração através do consumo específico de energia da perfuração com cone de rolo, uma vez que este indicador está estreitamente correlacionado com a resistência das rochas [48], que nos depósitos de quartzitos ferruginosos está diretamente relacionada com a sua blocagem.

A aplicação deste sistema permitirá especificar o esquema de zonagem do campo de pedreiras em função da explosividade das rochas, com base nos resultados dos estudos de campo sobre a blocagem do maciço, à medida que os dados sobre o consumo específico de energia da perfuração com rolos forem sendo acumulados e processados.

O esquema metodológico geral da zonagem do terreno da pedreira por explosividade de rocha é o seguinte Fig. 1.5.

A aplicação da metodologia proposta foi efectuada com base no exemplo do depósito Lebedinsky KMA.

Os valores critério da dimensão média da separatibilidade para as diferentes categorias de bloqueios rochosos são tomados de acordo com a "Classificação temporal..." [49], na qual, para efeitos de uma geometrização mais diferenciada do maciço pelo grau de fracturação da rocha, a categoria III, mais difundida no terreno, foi dividida em duas subcategorias: III-a (0,5-0,75) e III-b (0,75-1,0 m).

A classificação das rochas em função da explosividade baseia-se em dois critérios: a pertença a um determinado litotipo geológico de engenharia e a categoria de blocagem Tabela 1.3.

Fig. 1.5 Esquema de zonagem do terreno da pedreira em função da blocagem e da explosividade das rochas

O esquema de zonagem do campo de pedreiras por explosividade da rocha o mapa de explosividade foi construído com base num esquema semelhante por bloqueio de rocha, tendo em conta a distribuição de diferentes litotipos geológicos de engenharia.

Para manter o mapa de desmonte atualizado, o plano geológico e estrutural da mina a céu aberto deve ser atualizado à medida que a exploração mineira progride e os limites das diferentes categorias de desmonte devem ser ajustados com base nesse plano. Esses ajustamentos serão mais fiáveis se as condições e a qualidade do desmonte forem sistematicamente analisadas e se, com base nos resultados, forem efectuadas observações geológicas in situ e medições adicionais do bloqueio de rocha.

A classificação das rochas em termos de explosividade e o mapa de explosividade do terreno da pedreira são os principais documentos do projeto-tipo de trabalhos de perfuração e detonação na pedreira. A disponibilidade destes documentos permite automatizar o processo de conceção dos trabalhos de perfuração e detonação [50].

Quadro 1.3 **Classificação por explosividade das rochas do depósito de Lebedinsky**

Categoria de explosão	**Litotipos geológicos e de engenharia**	**Categoria de fratura**	Grelha de poços*, *m*		**Taxa de consumo específico** BB**, kg/m^3
			a	*b*	
1 - Excecionalmente explosivo	Xistos e arenitos quartzíticos oxidados Quartzitos ferruginosos oxidados	I -II I	9	8	0,4 - 0,5
2 - altamente explosivo	Oxidados e semi-oxidados ferrosos Quartzitos Arenitos e xistos quartzíticos não intemperizados	II II - III -a	8 - 7	7	0,5 - 0,6
3 - ligeiramente explosivo	Quartzitos ferruginosos não oxidados Quartzitos ferruginosos oxidados e semi-oxidados ferruginosos Quartzitos Arenitos e xistos quartzíticos não intemperizados	II III III-b a IV	7	6 - 7	0,6 - 0,8
4 - explosivo médio		III-a	6	5 - 6	0,8 - 1,0
5 - difícil de explodir	Quartzitos ferruginosos não oxidados	III-b	5,5	5,5	1,0 - 1,2
6 - muito difícil de detonar		IV - V	5,0	5,0	1,2 - 1,4

Nota: * - distância: *a* - entre filas de poços, *b* - entre poços em filas.
** - para BBs normais.

Autores Koltsov P. V., Ivanov Y. S., Palutina E. N. e Andreev O. H. [51] avaliaram a estabilidade dos taludes da pedreira de Uchalinsky, enquanto a garantia da estabilidade dos taludes da pedreira e a prevenção temporária de deformações emergentes de taludes em condições mineiras e geológicas variáveis são as tarefas mais importantes nas empresas mineiras.

O objetivo da investigação conduzida foi a zonagem das faces da pedreira pelo grau de estabilidade e a avaliação da possibilidade de produção segura de processos.

A realização de uma avaliação da estabilidade das faces da pedreira de Uchalinskoe foi uma das principais tarefas.

A estabilidade dos flancos da pedreira de Uchalinsky foi avaliada utilizando dez perfis de projeto de acordo com as orientações metodológicas do VNIMI [51].

Com base nos resultados dos cálculos, os lados da fossa foram zonados de acordo com a sua estabilidade. O coeficiente de reserva de estabilidade foi considerado como um índice de zonagem.

O grau de estabilidade dos lados da pedreira com base na documentação normativa [51] foi tomado como critério de zonagem. Ao mesmo tempo, foram identificadas as seguintes categorias:

1. $>$ O valor do coeficiente de reserva n 1,3; o maciço do instrumento sofre principalmente deformações elásticas, cujos valores estão dentro da precisão das medições do topógrafo; as deformações horizontais relativas não excedem 1-10^{-3}; o bordo está em condições estáveis.
2. O valor do fator de stock é 1,2 < n < 1,3; surgem fissuras; os deslocamentos totais da superfície dos maciços de instrumentos atingem 200:300 mm; as deformações horizontais relativas podem atingir (2:5)-10^{-3}; a componente horizontal do vetor de cisalhamento é predominante; os deslocamentos são amortecidos no tempo.
3. A magnitude do fator de stock é de 1,1 < n < 1,2; aparecem zakols; as deformações horizontais podem atingir 30-10^{-3}; e os valores de deslocamento total são de 1,5:2 m; as deformações são predominantemente amortecidas no tempo.
4. O valor do fator de segurança é 1,05 < n < 1,1; ocorre um maior desenvolvimento de deformações perigosas.
5. O valor do coeficiente de reserva n < 1,05; a curto prazo, a placa desliza ou desmorona; no entanto, em caso de movimentos significativos da superfície do instrumento e deformações do declive, a placa pode manter a estabilidade a curto prazo sob a condição de mudanças na mineração e na condição geológica da placa.

§ 1.2 Justificação geomecânica dos parâmetros dos flancos das pedreiras na zonagem dos maciços instrumentais

Na fundamentação geomecânica, são apresentados os métodos e as formas de estimar a estabilidade dos lados e das saliências das pedreiras em todas as fases de desenvolvimento dos depósitos [52].

Os métodos de cálculo são de carácter recomendatório. A composição e os tipos de trabalhos efectuados na comprovação geomecânica dos parâmetros dos flancos e das saliências das pedreiras são considerados de acordo com os requisitos das regras no domínio da segurança industrial [53].

A estrutura e as fases dos trabalhos destinados a assegurar a estabilidade das paredes e dos taludes das pedreiras são apresentadas na figura seguinte Fig. 1.6.

Princípios de seleção de um depósito análogo nas fases iniciais de desenvolvimento dos depósitos na ausência de dados fiáveis sobre o maciço rochoso, é permitido determinar os parâmetros dos lados e das saliências dos poços abertos pelo método das analogias.

O método das analogias pode ser utilizado para determinar as propriedades físicas e mecânicas do maciço rochoso, os parâmetros dos lados e das saliências dos poços abertos.

Os requisitos básicos de uma analogia:

а) A analogia pode ser efectuada por um ou por vários atributos; quanto mais atributos, mais fiável é a analogia;

б) a analogia deve ser efectuada quanto ao fundo e não formalmente;

в) os mesmos atributos devem ser comparados;

г) é necessário separar os atributos por importância e por peso. Diferenças nas caraterísticas mais significativas, mas convergência nas caraterísticas com pesos baixos
pode indicar que a analogia é incorrecta;

e) os atributos devem ser os mais diversos e versáteis;

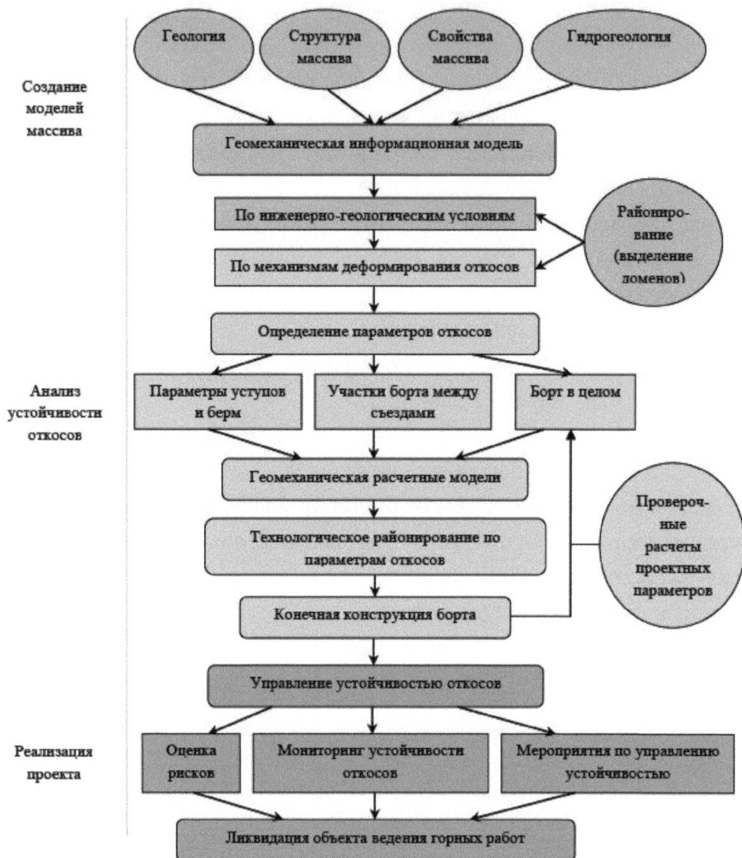

Fig.1.6 Estrutura de suporte geomecânico da estabilidade dos flancos e **saliências**

(e) Ao transferir um parâmetro de um domínio estudado para um domínio-alvo, deve ser avaliada a sua relação global com uma série de atributos-chave.

Os seguintes atributos podem ser utilizados para analogia:

а) situação regional;

б) condições de formação de depósitos;

в) tipo de mineral;

г) Descrição da rocha, tipo e resistência da rocha, inclusões e impurezas, contraste, tipos de rocha no maciço rochoso;

д) estrutura do depósito, presença de pisos estruturais, formas de estratos rochosos monoclinais, dobrados, em blocos e ocos, inclinados e íngremes;

е) intensidade dos processos de descompactação das rochas e de meteorização;

ж) condições hidrogeológicas: condições de formação das águas subterrâneas, número e espessura dos aquíferos, condições de fronteira;

з) condições climatéricas.

Os critérios de rotura são utilizados para descrever o estado limite das rochas aquando do cálculo da estabilidade dos taludes e das saliências das pedreiras.

O principal critério de fratura é o critério linear de Coulomb-Mohr:

$$\tau = \sigma \cdot tg\varphi + C$$

$$\tau = \sigma \cdot tg\varphi' + C' \qquad (1.2)$$

onde τ - tensão tangencial, MPa; σ - tensão normal, MPa; φ, C - ângulo de atrito interno e coesão na rocha; φ' - ângulo de atrito na superfície de enfraquecimento, deg; C' - coesão na superfície de enfraquecimento, MPa.

O critério de fratura de Coulomb-Mohr pressupõe a utilização de uma aproximação linear da envolvente última do passaporte de resistência Figura 1.7.

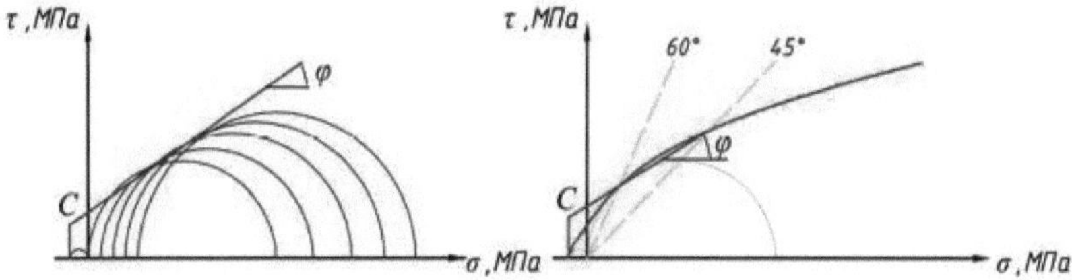

Fig. 1.7 Aproximação linear dos resultados de ensaios laboratoriais de rochas (critério de Coulomb-Mohr)

Os critérios de resistência de matrizes não lineares são aplicados à discrição de uma organização especializada.

Para avaliar a estabilidade de taludes em maciços rochosos, é utilizado o critério de fracturação não linear de Hooke-Brown Fig. 1.8, [54-56]. A aplicação deste critério de fracturação a rochas dispersas não é aceitável.

O critério de falha generalizado de Hooke-Brown:

$$\sigma_1' = \sigma_3' + \sigma_{ci}\left(m_b \frac{\sigma_3'}{\sigma_{ci}} + s \right)^a \quad (1.3)$$

onde *aci,* - resistência à compressão uniaxial na amostra no critério de Hooke-Brown; *t é* a constante do maciço rochoso, que é determinada pela fórmula:

$$m_b = m_i \cdot \exp\left(\frac{GSI - 100}{28 - 14D} \right) \quad (1.4)$$

mi - constante da rocha não perturbada; *s* e *a* - constantes da rocha calculadas pelas seguintes expressões: onde *GSI* (geological strength index) - índice de resistência geológica; *D* (disturbance fator) - fator de perturbação da explosão.

$$s = \exp\left(\frac{GSI - 100}{9 - 3D} \right) \qquad a = \frac{1}{2} + \frac{1}{6}\left(e^{\frac{-GSI}{15}} - e^{\frac{-20I}{3}} \right) \quad (1.5)$$

O fator *D* varia entre *0* - não perturbado pela explosão, e *1* - muito perturbado pela explosão.

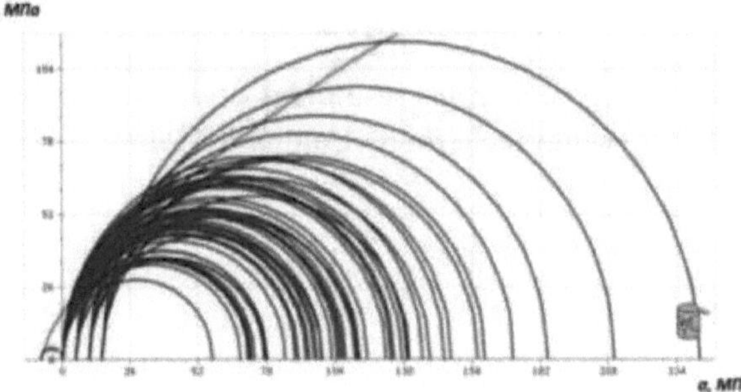

a) passaporte de resistência em coordenadas de tensões normais e tangenciais

(σ, τ),

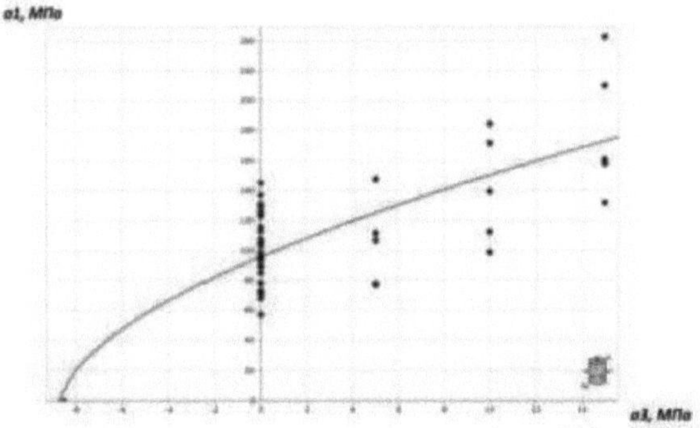

б) passaporte de resistência em coordenadas de tensões principais (σ_1, σ_3).

Figura 1.8. Aproximação não linear dos resultados de ensaios de rocha em laboratório (critério de Hooke-Brown).

Ensaio de rocha (critério de Hooke-Brown)

Os valores apresentados no Quadro 1.4 [54-56] são utilizados para selecionar o fator *D*.

O índice de resistência geológica *GSI* é utilizado apenas para rochas rochosas e semi-rochosas fracturadas e tem em conta a estrutura estrutural do maciço e as caraterísticas dos contactos. Além disso, a aplicação do *GSI* é limitada pelo efeito de escala da Fig. 1.9, em que se pode observar um elevado nível de anisotropia a um determinado nível de escala. Nestes casos, as propriedades de Coulomb-Mohr (coesão e ângulo de atrito de contacto) são especificadas ao longo da direção da anisotropia.

Quadro 1.4.

Determinação do fator de perturbação *D* por operações de detonação

Aspeto da matriz	Descrição do impacto na matriz	Valor proposto de *D*
	Rochas não perturbadas - resistência laboratorial Utilizar GSI=100 Explosão com recurso a técnicas de explosão suaves que minimizem a perturbação do maciço à superfície	***D*** = *0,7*
	Um sistema de fratura - anisotropia elevada - NÃO utilizar GSI Explosão sem recurso a tecnologias suaves	=D 1.0

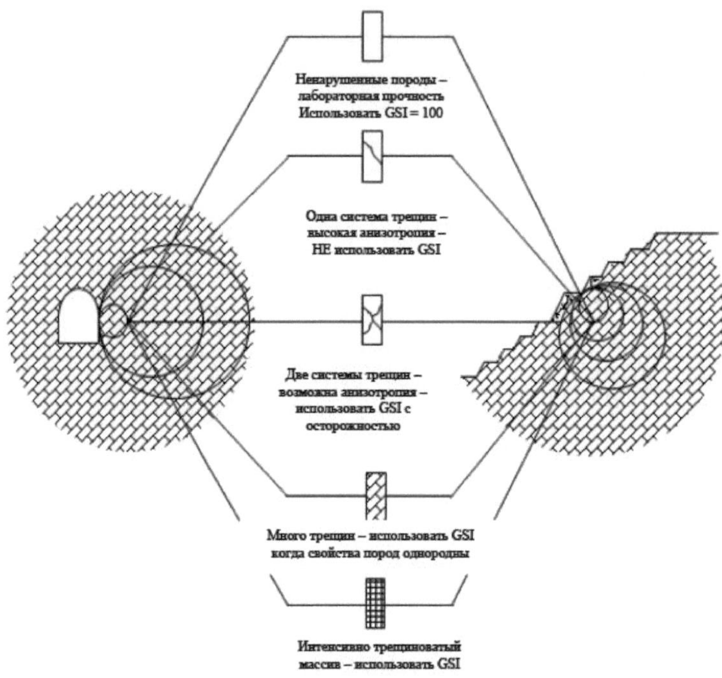

Dois sistemas de fratura - anisotropia possível - usar GSI com precaução
Muitas fracturas - utilizar o GSI quando as propriedades da rocha são homogéneas

Fig.1.9 Limites da aplicação dos parâmetros *da GSI*

A regionalização por mecanismos possíveis de deformação do maciço instrumental (análise cinemática) é efectuada com base em domínios identificados por factores naturais, tendo em conta a localização da pedreira, da lixeira. Um mesmo domínio, atribuído por factores naturais, para vertentes com diferentes golpes pode deformar-se segundo esquemas diferentes. Neste sentido, a área natural é dividida em áreas de projeto, nas quais se assumem diferentes mecanismos de deformação dos taludes. O zonamento por possíveis mecanismos de deformação de taludes pode ser efectuado tanto em forma gráfica como textual.

A seleção das áreas de computação é feita em função da escala e deve ser dividida nos seguintes níveis hierárquicos:

- escala da escarpa (as superfícies de enfraquecimento são representadas por estruturas de ordem fina - sistemas de fracturação, camadas);
- escala da secção da orla (as superfícies de enfraquecimento são representadas por estruturas de ordem superior - sistemas de fracturação alargados, camadas, falhas);

- escala da orla (as superfícies de enfraquecimento são representadas por estruturas de ordem elevada - grandes falhas. A resistência do maciço, a direção da estratificação e o teor de água da orla são também de importância fundamental).

A zonagem [57] é autorizada para o desenho do contorno das pedreiras:

- pela conceção da parede da fossa (por parâmetros de saliências e bermas);
- sobre os parâmetros dos lados da fossa (incluindo o grupo de saliências).

Para efetuar a zonagem por parâmetros estruturais das pedreiras, é necessário utilizar as áreas afectadas por mecanismos de rutura de taludes a uma escala adequada.

Os limites da zonagem por factores naturais e por mecanismos de destruição do maciço de instrumentos nem sempre coincidem com os limites da zonagem por parâmetros estruturais da mina a céu aberto. No mesmo domínio, podem ser obtidos diferentes parâmetros de conceção de taludes em diferentes azimutes de saliências e faces.

Depois de efectuados os cálculos para todas estas áreas, procede-se à seleção e delimitação dos parâmetros de declive para todo o terreno da pedreira.

A topografia e a profundidade do desenvolvimento do campo podem influenciar a delimitação de áreas com base em parâmetros laterais.

Em formações rochosas fortes, para o zonamento de acordo com os parâmetros dos lados da pedreira, é permitido utilizar o ângulo geral estrutural do lado da pedreira, calculado de acordo com os parâmetros das saliências e bermas.

O ângulo geral construtivo da face da pedreira é determinado pela fórmula:

$$a_z = arctg\frac{H}{\sum B_i + \sum h_i ctg\alpha} \qquad (1.6)$$

em que *ΣBi* - soma dos comprimentos de todas as bermas horizontais (bermas de segurança e de transporte), *m*, *Σhictga* - soma dos comprimentos de todos os depósitos de vertente da escarpa em projeção horizontal, *m*.

Esta fórmula é utilizada para calcular os ângulos tecnicamente aceitáveis quando estes são inferiores aos ângulos gerais de inclinação lateral justificados pelos cálculos de estabilidade.

Os principais resultados da zonagem por parâmetros construtivos das pedreiras são a atribuição de sectores de campos de pedreiras com os mesmos parâmetros de declives.

§ 1.3 Critério de zonagem do terreno da pedreira em função da estabilidade do declive

Ao avaliar a estabilidade dos taludes de pedreiras, são normalmente resolvidos três tipos de problemas [58]:

1. Determinação da altura máxima admissível do talude para um determinado ângulo de inclinação e coeficiente de estabilidade normativo.
2. Determinação do ângulo de inclinação de um talude estável a uma determinada altura e do coeficiente de estabilidade normativo.
3. Determinação do coeficiente de estabilidade para determinados ângulos de inclinação e alturas de inclinação.

Os dois primeiros tipos de tarefas são resolvidos principalmente na fase de conceção da cava ou durante a conceção das fases subsequentes da sua construção e têm por objetivo estabelecer parâmetros geométricos de taludes e bordos estáveis para uma exploração eficiente e segura do depósito. O terceiro tipo de tarefas é resolvido na fase de operação no terreno, a fim de identificar secções potencialmente perigosas dos taludes para a organização de observações instrumentais da estabilidade e o desenvolvimento de medidas anti-deformação ou para identificar secções do talude em que o ângulo de inclinação pode ser aumentado para reduzir o volume dos trabalhos de decapagem.

Todos os três tipos de problemas podem ser resolvidos com base no sistema de pontuação da avaliação da estabilidade [59], que também é utilizado na zonagem preditiva dos campos de pedreiras pelo fator da estabilidade dos taludes.

Tanto a altura ou o ângulo de inclinação como o coeficiente de estabilidade podem ser considerados como um indicador de zonagem (um valor integral que reflecte coletivamente a propriedade de interesse do objeto que está a ser zonado, e pelo valor do qual são selecionadas as áreas do objeto com condições relativamente típicas). A adoção de um ou outro parâmetro como indicador de zonagem não introduz alterações fundamentais na zonagem e depende do objetivo da investigação.

Por exemplo, vamos concentrar-nos no zoneamento do campo de pedreiras pelo fator de estabilidade no processo de exploração de pedreiras.

Neste caso, é razoável tomar o coeficiente de reserva de estabilidade como um indicador de zonagem. Os factores naturais que influenciam a estabilidade são: a densidade, a aderência e o ângulo de atrito interno das rochas que compõem as diferentes secções dos lados da pedreira. Dados sobre as perturbações tectónicas: ângulo de imersão da superfície enfraquecida, aderência e ângulo de atrito interno; o grau de inclinação da água, o coeficiente de sismicidade da área de desenvolvimento do campo, a partir de factores tecnológicos: altura e ângulo de inclinação do lado.

Como dados iniciais sobre parâmetros informativos, são utilizados materiais obtidos durante a exploração detalhada do depósito e levantamentos geológicos e de engenharia especiais. Com base neles, é estudada a variabilidade dos factores naturais, é adotado um modelo da sua localização espacial e são construídos mapas e secções geomecânicos contendo toda a informação necessária para o cálculo da estabilidade dos taludes das pedreiras.

A relação entre o indicador de zonagem e os parâmetros informativos é descrita por escalas de pontos de influência de vários factores na estabilidade dos taludes das pedreiras. As escalas de pontuação são feitas com base nas dependências da alteração do coeficiente de reserva quando se alteram os valores dos parâmetros informativos, estabelecidos pelos resultados da modelação matemática no computador.

A soma das pontuações de todos os factores que determinam a estabilidade do talude caracteriza a estabilidade do talude em determinados parâmetros e pode ser utilizada para avaliar os indicadores de estabilidade do limite de altura do talude, do ângulo de inclinação do talude estável e do coeficiente de estabilidade.

As escalas de pontuação completas e os exemplos de cálculo dos indicadores de zonagem foram publicados pelos autores anteriormente [59].

Uma questão crítica em matéria de zonamento é a escolha de um ou mais critérios de zonamento para dividir o sítio em áreas em que as condições são relativamente semelhantes.

Ao calcular a estabilidade utilizando o método baseado na teoria do equilíbrio limite, o declive é considerado estável se o coeficiente de
de estabilidade é maior do que 1, ou seja, a soma das forças que deslocam o talude é menor do que a soma das forças que o mantêm.

Assim, o coeficiente de estabilidade igual a um deve ser tomado como um valor limite ao dividir a face da pedreira em secções estáveis e instáveis.

A dificuldade reside no facto de a determinação do coeficiente de estabilidade estar associada a erros inevitáveis na compilação de escalas de pontos (impossibilidade de enumerar todas as variantes de declive, erros de equações de regressão generalizadas), bem como à influência da variabilidade das propriedades do maciço rochoso.

Em termos gerais, o erro quadrático médio na determinação do fator de estabilidade é o seguinte

$$m_n = \sqrt{m_c^2 + m_\delta^2} \qquad (1.7)$$

em que *tc é o* desvio médio quadrático do coeficiente de estabilidade devido à variabilidade das propriedades das rochas; *ms* é o desvio médio quadrático da pontuação.

O primeiro componente do erro $_{mn}$ foi determinado através da modelação por simulação da distribuição do fator de estabilidade. Para o efeito, foi utilizado o método de Monte Carlo. Foram gerados no computador valores normalmente distribuídos de densidade, aderência e ângulo de atrito interno e o coeficiente de estabilidade do mesmo declive foi calculado repetidamente. Assumiu-se que os coeficientes de variação das propriedades físicas das rochas são os seguintes: densidade 6 %, coesão 40 %, ângulo de atrito interno 17 %. Verificou-se que a distribuição do coeficiente de estabilidade obedece à lei normal. O desvio padrão de $_{tc}$ foi de ±0,075.

Para estimar o valor de $_{ms}$, os valores estimados do coeficiente de estabilidade foram comparados com as estimativas deste coeficiente obtidas a partir das escalas de pontuação. O desvio padrão obtido é de ±0,13.

Assim, o valor do erro $_{mn}$ é igual a ±0,15.

Se estabelecermos um nível de confiança de 0,95, os erros na determinação do fator de estabilidade podem exceder o dobro do valor de $_{mn}$ em apenas cinco casos em cada cem.

Consequentemente, os seguintes valores-limite do coeficiente de estabilidade podem ser aceites como critério de zonagem da face da pedreira por estabilidade:

<n 0,7 - a secção do quadro é instável;

<0,7 < *n* 1,3 é a zona de incerteza;

n > 1.3 - a secção do quadro é estável.

A fase final do rezoneamento é a construção de um mapa previsional, no qual as áreas do conselho são atribuídas de acordo com o critério de rezoneamento adotado.

O mapa de zonagem preditiva permite resolver os seguintes problemas relacionados com a estabilidade dos taludes das pedreiras:

- Identificação das áreas do tabuleiro para as quais são necessários cálculos de verificação da estabilidade mais exactos (zona de incerteza);
- Determinação da localização das estações de observação em zonas potencialmente perigosas para organizar observações instrumentais das deformações de taludes (zona de incerteza, zonas instáveis);
- identificação de secções instáveis da parede lateral para o desenvolvimento de medidas de controlo da deformação;
- Identificação de secções estáveis da encosta onde podem ser implementadas medidas para melhorar a eficiência da produção (aumento da altura da encosta ou aumento do ângulo de inclinação).

Conclusões

Como resultado da análise efectuada, podem ser tiradas as seguintes conclusões principais

1. A este respeito, o desenvolvimento de um sistema de pontuação fiável para avaliar a estabilidade dos taludes com base na teoria do equilíbrio limite e uma metodologia para a zonagem das condições geomecânicas continuam a ser importantes desafios de investigação.

2. É de notar que o cálculo da classificação geomecânica *RL* não tem em conta o tipo de operações de perfuração e de desmonte. A utilização de explosões de contorno contribuirá para a correspondência entre o estado real da parte próxima do contorno do maciço rochoso e os resultados do cálculo da classificação.

3. A análise estabeleceu que os resultados da avaliação do estado de estabilidade dos maciços de instrumentos dependem do valor mínimo do coeficiente de reserva de estabilidade.

4. Como critério de zonamento foi tomado o grau de estabilidade das faces da pedreira pelo valor do coeficiente de reserva, o deslocamento total da superfície dos maciços do instrumento, onde predomina a componente horizontal do vetor de cisalhamento.

5. A análise mostrou que a fase final do zonamento é a construção de um mapa preditivo, que atribui as áreas do conselho de administração de acordo com o critério de zonamento adotado, o mapa preditivo de zonamento permite resolver os problemas associados à estabilidade dos taludes das pedreiras.

ESTUDO DO ESTADO ACTUAL DAS CONDIÇÕES CONDIÇÕES GEOMECÂNICAS DO MACIÇO ROCHOSO CAMPOS NORTE E CENTRO AMANTAITAU

Os seguintes elementos estão incluídos na lista de trabalhos a realizar durante o estudo do estado atual das condições geomecânicas do maciço rochoso:

- estudo mineiro e geológico, condições hidrogeológicas e mineiras da jazida de Amantaytau;
- análises de trabalhos realizados anteriormente na pedreira para estudar as propriedades físicas e mecânicas das rochas e a fracturação do maciço;
- estimativa das tensões horizontais com base em dados de depósitos análogos próximos e zonagem geodinâmica da subsuperfície;
- seleção de locais e parâmetros de perfuração, sondagens adicionais de engenharia e geológicas.

É de notar que, durante a recolha de materiais iniciais para o estudo das condições geológicas, hidrogeológicas e geológicas do depósito, a quantidade de informação útil era insignificante e difícil de processar. Como principal fonte de dados sobre estes parâmetros, recebemos o relatório de exploração sub-metálica do depósito [60], elaborado pela Empresa Estatal "Samarkandgeologia" em 1994, no qual a informação necessária para a avaliação subsequente da estabilidade dos lados da mina a céu aberto nos seus contornos de projeto, é dada literalmente em poucas páginas de texto. Quanto às caraterísticas das propriedades físico-mecânicas das rochas que compõem o depósito e à natureza da sua fracturação, são apresentadas como valores extremamente aproximados e com uma dispersão muito grande, o que não satisfaz os requisitos de validade e fiabilidade estatística, e para alguns tipos de rochas, que são muito difundidos, estes dados não estão de todo disponíveis. Uma descrição mais detalhada das caraterísticas das rochas do depósito disponíveis na literatura de stock será apresentada abaixo, nas secções relevantes.

fracturação (xisto) das rochas que compõem a secção Central, o que permitirá ainda fundamentar a previsão do desenvolvimento de superfícies de enfraquecimento à profundidade da lavra a céu aberto projectada.

Desenvolvemos e justificámos a lista de trabalhos adicionais com base no relatório de exploração detalhada do campo, o número e a profundidade dos poços geotécnicos adicionais, a ordem dos seus testes e as recomendações sobre os regulamentos tecnológicos das operações de perfuração (diâmetros de perfuração, tecnologia de penetração e testes por intervalos, colunas

geológicas e técnicas preliminares dos poços) Anexo 1,2.
Os materiais gráficos são representados pelo mapa, o material real no qual, para além das linhas das secções de cálculo do projeto para avaliar a estabilidade dos lados nas direcções mais relevantes, são mostrados pontos de levantamento geológico e estrutural Apêndice 3. Caraterísticas da estrutura geológica da secção aberta do Fosso Central e pontos de perfuração de poços geotécnicos e de exploração adicionais, bem como poços previamente perfurados [60], utilizados para construir os perfis de cálculo.
O mapa do material atual [60], que mostra todos os poços de prospeção perfurados (1160 poços), caracteriza-se, infelizmente, em primeiro lugar, por um mínimo de informação sobre a estrutura geológica dos lados da futura mina a céu aberto nos seus contornos de projeto de exploração. A parte predominante dos poços está concentrada nas partes centrais de ambos os depósitos. A desvantagem comum a todos os trabalhos de prospeção e exploração realizados nos anos 60-90 (mesmo no caso da exploração de pormenor) é a ausência de poços nos contornos dos futuros taludes das paredes, para além dos limites dos estratos produtivos. Em princípio, isto é compreensível: em primeiro lugar, os trabalhos de exploração permitiam o cálculo das reservas minerais, e a necessidade futura de avaliar a estabilidade dos contornos de projeto da exploração mineira era considerada como algo incidental e sem importância. Regra geral, os ângulos de inclinação das futuras minas a céu aberto foram definidos nos projectos de acordo com recomendações tabulares [61], o que, na maioria dos casos, não causou problemas especiais mais tarde, ao desenvolver depósitos em rochas rochosas.
Algumas das informações em falta sobre as propriedades dos contactos e outras superfícies de enfraquecimento em rochas rochosas e semi-rochosas do subsolo paleozoico podem ser obtidas na literatura científica, de produção e regulamentar [30-34], que resume os resultados de estudos sobre campos semelhantes já desenvolvidos e esgotados.
Resumindo o que precede, deve notar-se que os dados fiáveis e específicos sobre as caraterísticas físicas e mecânicas dos sedimentos meso-cenozóicos (ângulos de atrito interno e coesão das rochas argilosas, argilas margosas e areias) podem ser considerados praticamente inexistentes atualmente; para as rochas rochosas, apenas estão disponíveis valores de densidade e valores de resistência à compressão uniaxial, e a dispersão dos limites destes valores é tal que torna praticamente impossível a sua utilização. Para além disso, a determinação das caraterísticas de resistência das rochas sedimentares e metamorfoseadas rochosas e semi-rochosas requer a aplicação de fórmulas

empíricas utilizando coeficientes tabulares e a determinação dos valores dos coeficientes de enfraquecimento estrutural do maciço [62-65].

Os poços de exploração perfurados estão disponíveis apenas em formato analógico, sob a forma de registos de documentação de perfuração e colunas geológicas e técnicas. Não existem secções geológicas de perfis de projeto potenciais para avaliar a estabilidade das paredes da cava ao longo das direcções de maior risco de deformação, o que requer estudos adicionais do maciço rochoso.

§ 2.1. Estrutura geológica, condições estruturais-tectónicas, hidrogeológicas, engenharia-geológicas e físico-geológicas caraterísticas mecânicas das rochas do depósito.

Os campos Amantaytau Central e Norte em estudo estão situados na região de Navoi, na República do Usbequistão.

A jazida de Auminzo-Amantai, na extremidade oriental da qual se situa o depósito Central, está associada à extremidade nordeste da cadeia montanhosa de Auminzatau, enquanto o depósito Norte se situa na planície intermontanhosa entre as cadeias montanhosas de Auminzatau e Muruntau.

Os depósitos estão situados entre outros grandes depósitos semelhantes: Muruntau, a nordeste, e Daugyztau, a sudoeste.

O clima do distrito é acentuadamente continental. A temperatura média anual é de +13,5oC. Os Verões são quentes e secos, com temperaturas médias mensais de cerca de +29oC, com temperaturas máximas em junho - até -40:45oC.

A cobertura de neve no inverno é insignificante. A precipitação média anual não ultrapassa os 100 mm, dos quais a maior parte cai em dezembro-fevereiro e abril-maio. Na primavera, ocorrem fortes chuvas de trovoada que, por vezes, formam fluxos de lama de curta duração. A precipitação máxima diária atinge 10-12 mm.

Os recursos hídricos do distrito são limitados. Não existem cursos de água superficiais, exceto os de curta duração durante as chuvas fortes.

Em termos de estrutura geológica e de condições estruturais e tectónicas, a jazida de Amantaytau é uma série de estruturas lineares portadoras de minério que constituem uma única zona de minério de Amantaytau. A sua espessura atinge 600-800 metros e o seu comprimento é de 2,8 km.

A jazida de Amantaytau no depósito Central é representada por sedimentos paleozóicos da sub-formação superior da Formação Besapan; no depósito Norte é coberta por sedimentos meso-cenozóicos arenosos-siltosos-argilosos com uma espessura de até 150 m, nalguns locais mais.

A documentação primária conservada após a perfuração de poços de prospeção caracteriza as rochas paleozóicas principalmente como lamitos, siltitos e, menos frequentemente, arenitos. Durante a prospeção geológica e estrutural nos flancos e saliências dos poços abertos avançados do depósito Central, classificámos estas rochas como xistos argilosos (argilíticos) na sua maior parte, uma vez que o maciço descoberto pelos poços abertos no volume predominante é inequivocamente caracterizado por uma textura de xisto, o que é mostrado nas Figuras 2.1 - 2.4.

Figura 2.1. Estratos de xisto argiloso 40^0 mergulhados para leste na entrada norte do Fosso 1A na Secção Central

Fig. 2.2. Pacote de xistos com inclinação leste nos ângulos 20-25^0 no final da face de trabalho sul do poço Central, declive da primeira saliência

Fig. 2.3 Lamitos fracturados (siltitos) na encosta da segunda escarpa da

vertente ocidental de trabalho da fossa central

Figura 2.4. Argilas argilíticas nas encostas das três escarpas superiores da face norte da Cava Central

As rochas descritas nas sondagens (siltitos, arenitos, lamitos) têm, em regra, uma textura maciça e são menos difundidas. Encontram-se predominantemente nas saliências da vertente ocidental.

É bastante difícil visualizar a verdadeira estrutura do maciço em estudo a partir do núcleo fragmentado de rochas sedimentares de baixa resistência extraído de furos de pequeno diâmetro perfurados com sopro, e só quando a pedreira é desenvolvida nas suas faces é que se obtém uma imagem precisa e clara.

No entanto, na avaliação da estabilidade dos taludes, o tipo e a designação das rochas que os compõem não têm importância fundamental: os principais factores (em termos de caraterísticas geológicas da estrutura) que determinam a estabilidade futura dos taludes construídos em formações rochosas são:

- carácter e orientação espacial da fracturação (e, neste caso, do xisto) do maciço;
- caraterísticas físicas e mecânicas caraterísticas físicas e mecânicas do maciço destas rochas,

estabelecidas ao longo de diferentes direcções de anisotropia.

As argilas predominantes em espessura na secção meso-cenozóica, de acordo com a avaliação visual feita durante o levantamento geológico da face de trabalho norte, caracterizam-se por uma humidade natural baixa (W0 ~ 10-15%), consistência dura (índice de fluidez *J* sempre inferior a 0) e propriedades isotrópicas. Os sinais de estratificação estão ausentes, a rocha tem uma textura maciça, as raras fracturas de fracturas separadas são gelatinosas e dividem o maciço em blocos quase regulares - paralelepípedos até 0,5-1,5 m de dimensão. As argilas descritas foram descobertas na borda de trabalho norte do depósito Central, onde três saliências estão agora construídas nelas, a partir da superfície diurna. O limite da distribuição de argila na superfície diurna é mostrado no material atual criado durante o levantamento geológico e estrutural (Fig. 2.12.4). Uma caraterística das rochas argilosas é o seu rápido encharcamento sob a influência da precipitação. Os derrames das vertentes das escarpas compostas por argila são blocos de grandes dimensões (até meio metro), alguns dos quais perderam completamente a sua forma e foram esbatidos pelo impacto da água. O desmoronamento dos taludes compostos por solos argilosos é também caraterístico.

De acordo com os dados de perfuração dos poços de exploração, as camadas intermédias de marga argilosa com espessura de 15 a 30 metros encontram-se nos estratos argilosos, na maioria das partes - cerca de 18-25 metros.

No entanto, o facto mais desfavorável em termos de garantia da estabilidade dos lados projectados da mina do Norte é a presença quase universal de horizontes de areia suficientemente espessos nos estratos de argila. Os interlayers de areia encontram-se a profundidades bastante grandes, o que criará sérios problemas ao construir os lados: por exemplo, de 55 a 85 m da superfície do dia no lado oeste do futuro poço aberto (furos de sondagem №№1652, 1745) com uma espessura média de cerca de 23-28 m (ou seja, pelo menos duas bordas).

No lado norte (sondagens n.º 1651, 1355), a profundidade de abertura do horizonte arenoso no estrato argiloso foi registada como sendo de 61-96 m a partir da superfície do dia, com o mergulho do telhado de areia para norte; a espessura deste horizonte é em média de 24 m, de acordo com dados de perfuração [60]. Assim, o mergulho do horizonte de areia na direção norte é traçado aqui.

No lado oriental da futura pedreira (ver perfil de cálculo nº 9, Anexo 1), a sondagem nº 1410 revelou o horizonte de areia a uma profundidade de 73 m da superfície, sendo a sua espessura de 44 m. A espessura total dos estratos argilosos meso-cenozóicos nesta sondagem foi determinada em 136 m.

Enquanto as rochas de idade paleozóica, que se encontram praticamente à superfície do dia e que são extraídas pela cava Central, estão relativamente bem estudadas em termos das suas caraterísticas físicas e mecânicas, as rochas fracas e as rochas meso-cenozóicas foram pouco estudadas (especialmente tendo em conta a sua importância e o seu papel no estado dos flancos e das saliências da cava projectada). Este fator exige perfurações, amostragens e ensaios laboratoriais adicionais no depósito Norte.

As caraterísticas tectónicas dos depósitos do Centro e do Norte foram estudadas na íntegra na fase de exploração pormenorizada [60, P.90];

informações mais específicas sobre a natureza e a orientação espacial do xisto e da fracturação do maciço rochoso foram obtidas durante o levantamento geológico e estrutural. Todos estes dados serão tidos em conta no desenvolvimento da modelação 3D dos depósitos e nos cálculos de estabilidade dos lados da pedreira (através do desenho de falhas, fracturação e grelha de fracturação de xisto nos perfis de cálculo com o estabelecimento de superfícies de enfraquecimento por contacto).

As perturbações tectónicas dos depósitos são numerosas e variadas.

As principais falhas tectónicas são as falhas Central, Meridional, Latitudinal, Intermédia e de Bloqueio, bem como as falhas que albergam corpos de minério.

Durante o levantamento geológico e estrutural nas saliências dos lados da cava central, a orientação e o carácter das superfícies de enfraquecimento foram avaliados em 20 pontos, distribuídos de forma relativamente uniforme pela área do campo de cava estudado. Durante o levantamento, verificou-se que a direção principal da fracturação e do mergulho das separações de xisto está orientada principalmente nas direcções leste e sudeste. Os ângulos de imersão predominantes foram 40-600 e, em menor grau, existem fracturas semi-dipping e steeply dipping.

As condições hidrogeológicas e geológicas de engenharia dos depósitos são largamente determinadas pelas peculiaridades climáticas da região desértica, onde a taxa de evaporação excede a quantidade de precipitação em quase 20 vezes, e o seu confinamento a um estrato de água fraco de sedimentos fortemente deslocados (arenitos, siltitos, xistos).

Não foram registadas ocorrências de água em sedimentos meso-cenozóicos na área de campo. Existem apenas casos isolados de abertura de águas subterrâneas no contacto entre sedimentos meso-cenozóicos e paleozóicos. Este facto deve ser tido em conta como uma ameaça adicional à estabilidade dos flancos devido ao encharcamento dos contactos entre argila e rocha, acompanhado por uma diminuição do valor de coesão nestes contactos.

Todas as diferenças litológicas e petrográficas das rochas paleozóicas, devido à sua fracturação, formam um único complexo portador de água. A acumulação de águas subterrâneas está principalmente associada a grandes descontinuidades (Central, Sul, Nordeste, etc.). A fonte de abastecimento de água subterrânea é a precipitação atmosférica.

Assim, a jazida de Amantaytau é geralmente mal irrigada. De acordo com o grau de influência das águas subterrâneas na estabilidade das rochas, esta é classificada como complexa devido à redução da estabilidade das rochas devido à presença de água em fissuras, falhas e zonas carbonizadas.

Caraterísticas físicas e mecânicas das rochas em termos de engenharia e condições geológicas O depósito de Amantaytau pertence a um tipo complexo e, em termos sísmicos, a uma zona altamente sísmica.

Os estratos meso-cenozóicos superiores, representados por argilas duras com intercalares subordinados de margas, argilas margosas, areias soltas e consolidadas, são caracterizados pelos seguintes valores dos principais indicadores (que determinam a estabilidade dos flancos e das saliências) das propriedades físicas e mecânicas, de acordo com os resultados de uma exploração pormenorizada [60] Quadro 2.1.

Obviamente, a informação apresentada no Quadro 2.1 é insuficiente para calcular a estabilidade das paredes dos poços construídos nestas rochas, enquanto a altura destas paredes no depósito do Norte (de acordo com os resultados da perfuração [60]) pode atingir 120-165 m. Não existe informação sobre o valor da coesão específica das argilas (existem apenas valores de ângulos de fricção interna). As caraterísticas de resistência dos siltitos não foram determinadas, embora a sua presença na espessura dos sedimentos meso-cenozóicos não seja significativa. Os mais estudados qualitativamente são os margas, cujas intercamadas são bastante desenvolvidas nos estratos argilosos.

Tabela 2.1.

Caraterísticas físicas e mecânicas dos sedimentos meso-cenozóicos do campo de Severnoye

Nome da raça	w_o,%	Volume-peso, t/m³	Peso específico, t/m³	Acoplamento,kPa	Ângulo de atrito interno, graus.	Resistência à compressão, MPa	
						de ocorrência natural	água saturada
Argilas duras	9,3 14,2	1,76-1,92	2,71-2,74	Não op.	12-19	Não op.	Não op.
Siltitos	Não op.	2,37-2,56	2,61-2,72	Não op.	Não op.	0,6-27,0	0,4-18,0
Fusões	Não op.	2,16-2,38	2,63-2,71	53	33	26,6	Não op.

A principal desvantagem dos materiais de origem para a camada superior do depósito do Norte, que exclui a possibilidade de uma avaliação computacional qualitativa da estabilidade dos lados e das saliências individuais, é a falta de quaisquer dados sobre a resistência e as caraterísticas físicas das areias, que se encontram num horizonte bastante espesso num estrato de argila relativamente coeso e forte.

De acordo com os dados de exploração pormenorizados, o complexo paleozoico das jazidas Central e Norte é composto por arenitos de quartzo-feldspato-mica (50%), siltitos carbonosos de mica-quartzo (35%), xistos da

mesma composição (15%), fortemente deslocados, oxidados e sulfidados. É de notar que durante o levantamento geológico-estrutural das saliências do Fosso Central, se verificou uma maior distribuição das rochas xistosas e uma menor distribuição dos arenitos.
Os valores dos principais parâmetros físicos para diferentes variedades litológicas de rochas do complexo Paleozoico são apresentados na Tabela 2.2.

Tabela 2.2.

Caraterísticas físicas e mecânicas das rochas do complexo paleozoico

Nome	Peso volúmico, t/m^3	Resistência à compressão, MPa		Coeficiente de resistência de acordo com M.M. Protodyakonov
		de ocorrência natural	água saturada	
Arenitos	2,52 - 2,69	2,7 - 123,2	4,6 - 81,2	2,5 - 12,3
Siltitos	2,53 - 2,71	6,8 - 100,2	1,3 - 53,7	1,7 - 10,0
Slantsy	2,61 - 2,71	6,6 - 109,7	3,2 - 79,8	4,1 - 10,0

Obviamente, para obter informações completas sobre as propriedades mecânicas das rochas que compõem os depósitos, será possível utilizar as tabelas apresentadas na literatura regulamentar e de investigação relevante, onde as caraterísticas necessárias são determinadas para depósitos semelhantes no Uzbequistão e noutras regiões com base em ensaios in-situ e cálculos retroactivos [61-63]. Isto aplica-se plenamente à determinação dos ângulos de atrito e de aderência nos contactos entre rochas e nas superfícies de enfraquecimento formadas por superfícies de deslizamento, separações xisto-esquistosidade, etc.
Uma falta significativa de informação apresentada no relatório de exploração detalhado [60] para todos os tipos de rocha que compõem os depósitos Norte e Central é a ausência de resultados sobre a determinação de caraterísticas como o coeficiente de pressão lateral, o rácio de Poisson, o módulo de deformação, que são necessários para a avaliação da estabilidade dos lados pelo método dos elementos finitos. Estes ensaios não foram efectuados. Por conseguinte, é necessário determinar estes parâmetros com a precisão necessária e no número de determinações requerido para o seu processamento estatístico.

§ 2.2. Estimativa das principais tensões horizontais com base na informação sobre os de campos análogos estreitamente localizados e de acordo com o zonamento geodinâmico

A zonagem geodinâmica inclui a avaliação do estado de tensão natural do

maciço rochoso e da sua estrutura tectónica. A identificação da estrutura de blocos do depósito, a interação cinemática dos blocos que criam zonas de tensão tectónica, bem como a determinação dos parâmetros do campo de tensão, garantirão condições de exploração mineiras seguras e um desenvolvimento mais eficiente do depósito de Amantaytau.
De acordo com os deslocamentos gerais dos blocos tectónicos, a direção determinante da maior tensão principal $\sigma 1$ na área de campo é caracterizada pela orientação meridional Fig. 2.5.
Regionalmente, o depósito está localizado no mesmo bloco estrutural de alto grau que o depósito de Muruntau. O depósito está localizado a uma pequena distância de Amantaitau, tem uma génese de formação semelhante e parâmetros semelhantes do campo de tensões de natureza tectónica. De acordo com os resultados de observações geodésicas de alta precisão dos processos de deslocamentos do maciço instrumental em Muruntau, os maiores deslocamentos do estado de tensão natural foram obtidos na direção submeridional [61]. Ou seja, este facto confirma a direção da maior tensão principal na direção meridional. A natureza tectónica do campo de tensões é caracterizada pela localização horizontal de duas tensões principais, incluindo a maior $\sigma 1$.

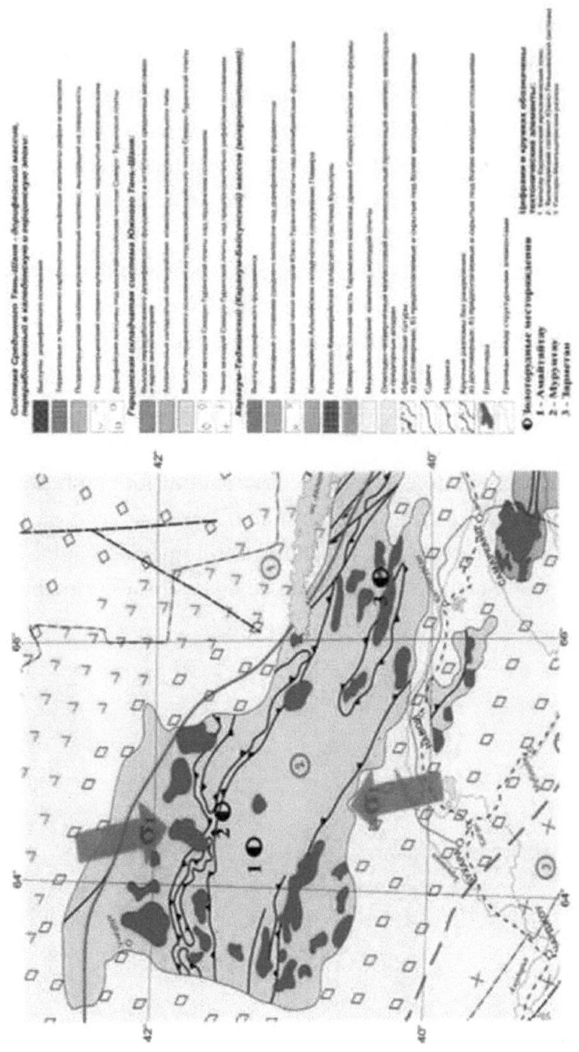

Fig. 2.5. Esquema de zoneamento tectónico regional

O esquema geodinâmico da área de depósitos de tipo semelhante foi investigado em pormenor, de acordo com o estado de tensão do depósito de chumbo-zinco de Kansai. De acordo com o zonamento geodinâmico, a maior tensão principal σ1 na área do depósito tem direção submeridional e ocorrência horizontal (Fig. 2.6).
[61]).

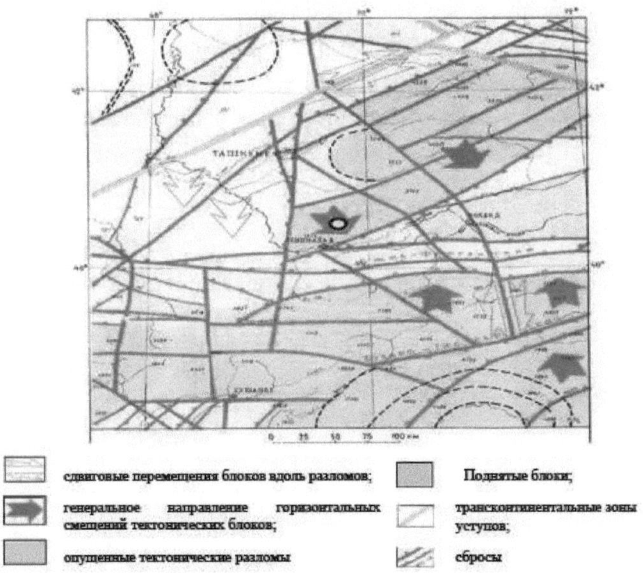

deslocamentos de cisalhamento de blocos ao longo de falhas;
Blocos elevados; direção geral dos deslocamentos horizontais dos blocos tectónicos;
zonas de escarpas transcontinentais;
falhas tectónicas de imersão aterros

Fig. 2.6. Esquema geodinâmico da área do depósito tipo semelhante

Como pode ser visto a partir do esquema dado, em toda a área a maior tensão principal tem uma direção submeridional. A relação dos valores de tensão principal para o campo de Kansai a uma profundidade de 780 m é a seguinte:

$$\sigma_{верт} = 22МПа;\ \sigma_{гор.мерид.} = 42МПа;\ \sigma_{гор.широт.} = 32МПа;$$

em $\sigma_{верт} = \gamma \cdot H = 780 \cdot 0{,}028 = 22МПа;$

A formação e o desenvolvimento de estruturas de dobras de montanha na Ásia Central estão associados à compressão horizontal e à deformação da crosta terrestre nesta região. As tensões horizontais excedem a componente vertical. A orientação sublatitudinal da maioria das mega dobras corresponde à direção submeridional da compressão principal.

Numerosos estudos sobre o estado de tensão natural dos maciços rochosos na Ásia Central foram efectuados por especialistas do IFMHP da Academia das Ciências do Quirguistão [62]. Analisando os resultados das determinações de tensões naturais obtidas em várias minas, verificou-se que as tensões horizontais homónimas em maciços rochosos de depósitos localizados a distâncias de centenas de quilómetros na Ásia Central, a profundidades iguais e em rochas de resistência próxima, diferem apenas ligeiramente umas das outras. O tratamento estatístico do material experimental recolhido sobre as tensões naturais nos maciços rochosos permitiu obter valores médios das principais tensões horizontais, a sua variação com a profundidade no valor da componente vertical $\sigma_{верт.} = \gamma \cdot H$:

Para rochas resistentes com módulo de elasticidade E (5:6) 104 a (10:11) 104 MPa

$$\sigma_{гор.мерид.} = 5 + 1{,}86 \cdot \gamma \cdot H \text{ (МПа)}; \quad (2.1)$$

$$\sigma_{гор.широтн.} = 4{,}5 + 1{,}12 \cdot \gamma \cdot H \text{ (МПа)}. \quad (2.2)$$

Para rochas de resistência média com módulo de elasticidade

$$E = (2 \div 3) \cdot 10^4 \text{ до } (5 \div 6) \cdot 10^4 \text{ МПа}; \quad (2.3)$$

$$\sigma_{гор.мерид.} = 3 + 1{,}14 \cdot \gamma \cdot H \text{ (МПа)}; \quad (2.4)$$

$$\sigma_{гор.широтн.} = 2 + \gamma \cdot H \text{ (МПа)}. \quad (2.5)$$

onde: H - profundidade da escavação, m; γ - densidade das rochas sobrejacentes $\gamma = 0{,}027$ MN/m^3.

Com base na resistência média das rochas de Amantaytau, adoptamos os valores das tensões horizontais do segundo grupo para o depósito.

§ 2.3 Avaliação dos materiais disponíveis e justificação da lista de informações em falta para o informações em falta para o zonamento dos lados da pedreira por estabilidade

Com base na análise dos materiais disponíveis da exploração detalhada do campo em 12 de abril de 2019, estabelecemos uma lista de poços previamente perfurados nos eixos dos perfis de conceção e necessários para a construção de secções geológicas ao longo dos eixos destes perfis. A posição dos perfis de projeto é indicada no mapa de material atual e volumes de trabalho de campo projectados Fig. 2.7. A lista das sondagens é apresentada no quadro 2.3.

Tabela 2.3.

Lista das sondagens necessárias para a realização dos perfis de estabilidade calculados para os lados das minas a céu aberto Central e Severny

Pedreira (local)	Direção	Perfil de cálculo (Fig.1.)	Números de poços para a construção de perfis de cálculo	Os poços forneceram
Central	SUDOESTE	1	2140, 1568, 710, 421, 634, 633, 1571	1568, 710, 421, 634, 633, 1571
-* -	3	2	363, 521, 241	521, 241
Norte	SUDOESTE	3	1807,1975,1794,1806, 266, 292	1975,1806, 266, 292
-* -	SUDOESTE	4	1874, 1868, 1461, 1477, 1480, 1478	1874, 1461, 1477, 1480
-* -	3	5	2167, 1433, 1442, 2008, 1396, 2290	2167, 1433, 1442, 2008, 1396
-* -	N-W.	6	1420,1336, 1652, 1745	1420, 1336, 1652, 1745
-* -	C	7	1739, 1727, 1651, 1355	1651, 1355
-* -	S-B	8	1656,1340, 1633, 1634, 1757	1656, 1633, 1634
-* -	B	9	1766,1430, 1617, 1709, 1410	1430, 1617, 1410
-* -	U-W	10	2016, 1796, 1859, 1811	2016, 1811
Central	B	11	1362, 1564, 1980a, 1980, 1982, 1790, 151, 1508	1362, 1564, 1980a, 1980, 1982, 151, 1508
-* -	U-W	12	1556, 1971, 1943, 1517, 1563	1556,1517, 1563
TOTAL:			**63 poços.**	**45 bem.**

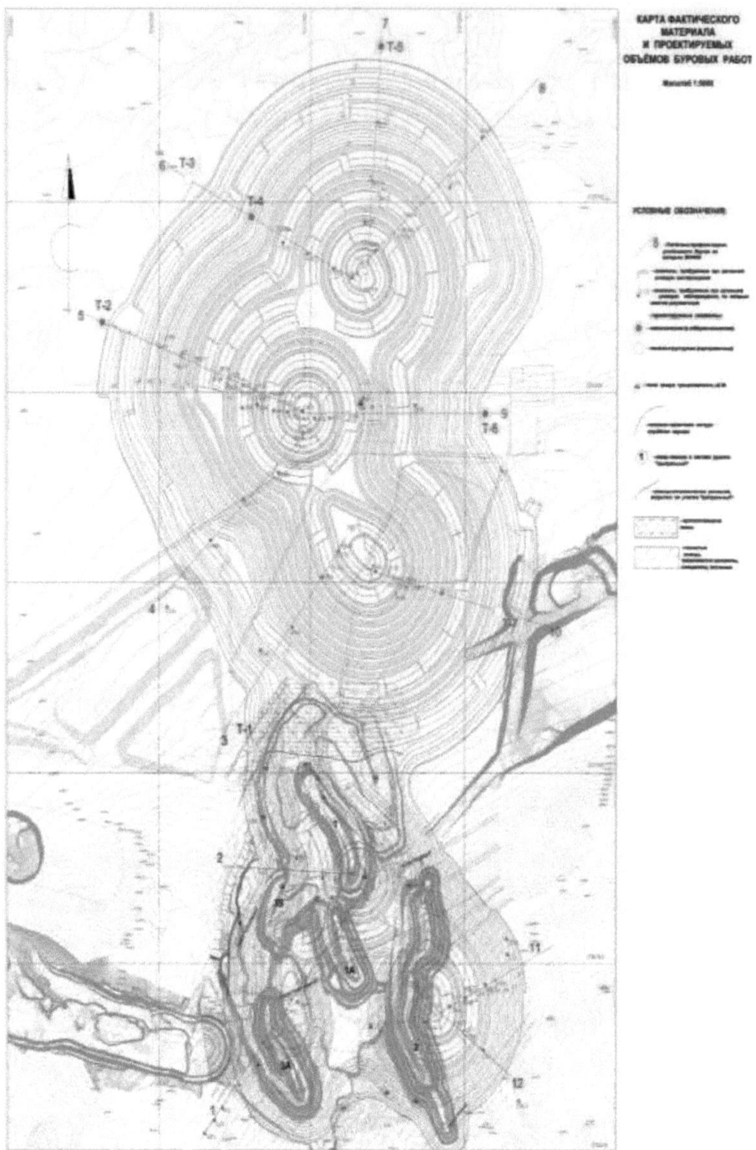

Fig.2.7 Posição dos perfis de conceção no mapa do material real e dos volumes projectados dos trabalhos de campo

Após uma análise cuidadosa de todos os materiais disponíveis, determinou-se que, para uma avaliação completa e qualitativa da estabilidade das faces das pedreiras Central e Norte nos seus contornos de projeto, é necessário especificar a estrutura geológica nas áreas mais críticas, precisamente ao longo dos eixos dos perfis de cálculo por nós adoptados. As sondagens apresentadas no Quadro 2.3 permitem, em parte, construir estes perfis e estabelecer os limites dos vários elementos de engenharia e geológicos ao longo dos mesmos, bem como traçar o contacto das rochas paleozóicas com as rochas argilo-arenosas mesozóicas-cenozóicas, que representam a espessura mais fraca da secção geológica em termos de garantia da estabilidade das paredes nos contornos de projeto.

Analisando o mapa do material atual (Fig. 2.7) é fácil estabelecer "pontos brancos" nos futuros perfis de cálculo, nomeadamente, nos seus segmentos iniciais, caracterizando a estrutura geológica da faixa instrumental, onde a formação do prisma de colapso é possível no futuro. Os dados disponíveis sobre os poços de prospeção previamente perfurados (estão assinalados a verde no mapa), permitem-nos avaliar fragmentariamente a estrutura geológica dos perfis, mas é óbvio que estes perfis se tornariam muito mais informativos após a utilização das colunas de todos os poços solicitados (os seus ícones no mapa não estão preenchidos com cor).

Devido à indisponibilidade de vários poços necessários, identificámos uma lista adicional apresentada no Quadro 2 .4.

Analisando o mapa do material atual (Fig. 2.7) é fácil estabelecer "pontos brancos" nos futuros perfis de cálculo, nomeadamente, nos seus segmentos iniciais, caracterizando a estrutura geológica da faixa instrumental, onde a formação do prisma de colapso é possível no futuro. Os dados disponíveis sobre os poços de prospeção previamente perfurados (estão assinalados a verde no mapa), permitem-nos avaliar fragmentariamente a estrutura geológica dos perfis, mas é óbvio que estes perfis se tornariam muito mais informativos após a utilização das colunas de todos os poços solicitados (os seus ícones no mapa não estão preenchidos com cor).

Tabela 2.4.

Lista adicional de poços exploratórios necessários para para a construção de perfis de cálculo

№	N.º de perfil de projeto	Lista dos furos de sondagem necessários
1	Perfil 1	**662,709**
2	Perfil 2	363 (reordenar)
3	Perfil 3	1384
4	Perfil 4	**1441** (ou 1873) É desejável encontrar ambos
5	Perfil 5	**1689, 1653, 1416 (ou 2151), 1751 (ou 2003), 1931, 1720, 2004,2194**, 1677, 2157, 1464, 1744, 2002, 1344, 1720
6	Perfil 6	**1688**
7	Perfil 7	**1332, 1661**
8	Perfil 8	**1660**
9	Perfil 9	**1409** (ou documentação do cano do SH-10)

10	Perfil 10	**1384, 2178, 1730** (ou 1446), **1426**
11	Perfil 11	**1790**
12	Perfil 12	**1913** (ou 2203), **1512** (ou 1511)
	Nota: A fonte a negrito indica os poços que têm de ser encontrados	

O mesmo mapa mostra os pontos onde devem ser feitas sondagens geotécnicas e de exploração (cartografia) adicionais nas secções iniciais dos perfis de projeto. O número destes furos é minimizado para 7 para ambas as minas a céu aberto projectadas.

As sondagens geotécnicas são concebidas para a recolha de amostras de rochas que se encontram a profundidades bastante grandes (cerca de 100-150 m).

As sondagens de prospeção (cartografia) destinam-se principalmente a clarificar a secção geológica na área da futura faixa de instrumentação, a estabelecer a posição da cobertura das rochas paleozóicas fortes, o ângulo de mergulho da sua estratificação (xisto), a estabelecer a orientação espacial do contacto entre os solos argilosos meso-cenozóicos e as rochas fortes.

Além disso, as amostras serão testadas em condições laboratoriais para estabelecer os parâmetros, tais como o módulo de deformação, o rácio de Poisson, etc., que são necessários para a avaliação da estabilidade das faces utilizando o método dos elementos finitos.

Com base no que precede, elaborámos uma lista de materiais e informações em falta, que são necessários para o zonamento dos lados da pedreira em termos de estabilidade.

Para justificar o número ideal de furos de sondagem adicionais necessários e a ordem dos seus ensaios, remetemos para o mapa do material atual e dos volumes projectados de trabalhos de perfuração (Fig.2.7). Nele estão traçados 12 perfis de cálculo, nos quais serão efectuados cálculos adicionais da estabilidade dos lados da pedreira nas áreas mais problemáticas. Os perfis estão orientados ao longo da normal às bermas, a distância entre eles corresponde aos requisitos para a avaliação da estabilidade dos lados da pedreira.

Consideremos o estudo dos lados da secção nas áreas onde estes perfis estão localizados.

- O perfil 1 está localizado na curva sudoeste do poço central. É iluminado pelos furos de sondagem disponíveis #421, 633, 634, e existe um ponto de medição de fratura na inclinação do projeto da borda, não sendo necessários levantamentos adicionais aqui: o arredondamento da borda é fornecido com informações para a avaliação da estabilidade. Para uma caraterização mais completa da estrutura geológica da área e posterior modelação 3D, é necessário obter documentação para os furos de sondagem n.º 709, 662 e 2140. O perfil é completado pelo ponto de medição de fracturas #18 na parte inferior do poço aberto n.º 1.

- O perfil 2 caracteriza o flanco ocidental do Fosso Central e permite avaliar a estabilidade da saliência em forma de cantilever no contorno do flanco do projeto: tais "saliências" têm geralmente potencial para desmoronar. Para este perfil, é necessário obter informações sobre o poço #363, que foi perfurado quase na futura faixa de instrumentação. A natureza da orientação das fracturas será avaliada aqui utilizando três pontos do levantamento estrutural, e a secção litológica será avaliada utilizando os mesmos pontos e os poços #241, 521, cuja documentação nos foi fornecida.
- O perfil 3 fornecerá cálculos de estabilidade para a rotunda sudoeste do poço norte. Com base nos dados de sondagem, os sedimentos meso-cenozóicos já estão espalhados por aqui. Não existe informação disponível para os furos n.º 1734, 1384, 1807. O poço n.º 292 é o mais próximo do limite do lado do projeto, mais à frente a faixa do aparelho do projeto não é estudada de todo. Nesta base, está planeada a perfuração de um poço de mapeamento n.º T-1 na secção inicial do perfil, cujo objetivo é estabelecer a posição do telhado rochoso sob o intervalo de argila e rocha arenosa Meso-Cenozóica, bem como a possível presença de água subterrânea.
- O perfil 4 permite efetuar cálculos de estabilidade ao longo do lado sudoeste da fossa norte. Este perfil está razoavelmente bem estudado para as sondagens #1478, 1480, 1477, 1461, 1874. A documentação para as sondagens #1141, 1873, 1868 deve ser fornecida para uma secção transversal mais precisa. Não são necessárias perfurações adicionais neste domínio.
- O perfil 5 caracteriza a estabilidade do lado oeste do poço norte e as informações sobre a sua estrutura geológica são extremamente limitadas. A maior parte das sondagens efectuadas ao longo deste perfil (ver Quadros 2.3-2.4) não foram encontradas até à data, embora existam algumas (ver gráfico anexo). No entanto, é necessário efetuar a sondagem geotécnica nº T-2 na área da futura faixa de instrumentação com amostragem de argilas meso-cenozóicas não perturbadas para testes laboratoriais adicionais. O poço mais próximo #1396 perfurado a uma profundidade de 220 m é utilizado como um análogo da secção. O poço foi perfurado em 1987, utilizando o método de perfuração com núcleo, a um ângulo de 80^0 e um azimute de inclinação de 270^0. De acordo com a sua secção geotécnica, a profundidade do furo suplementar nº T-2 é de 130 m (até à penetração e ensaio das rochas paleozóicas, neste caso - arenitos). No intervalo de 11-21 m e 41-50,7 m são reveladas camadas intermédias de marga; de 50,7 a 80,4 m existem areias de

densidade incerta. Por conseguinte, os monólitos de argila devem ser amostrados nas profundidades de 10, 25, 30, 40 m (o número total será de 4 peças), a marga é amostrada nas profundidades de 15, 45 m (2 monólitos). Um requisito especial é a amostragem do horizonte arenoso com o maior número possível de amostras (pelo menos 6 amostras do intervalo de 50-80 m).

A última amostra é retirada de arenitos do fundo do poço. O número total aproximado de amostras do poço T-2 é 13.

A perfuração da sondagem geotécnica T-2 deve ser efectuada pelo método de sondagem com núcleo com um diâmetro não inferior a 112 mm (para obter amostras de qualidade), com sopro de ar comprimido.

Além disso, na ausência de documentação das sondagens n.º 1689, 1416, 1653, 1677, 2157, será necessário efetuar uma outra sondagem de mapeamento sobre este perfil, na zona de declive do lado projetado (ver gráfico em anexo); a profundidade desta sondagem deverá ser a mesma (130 m), não é necessária a amostragem, a condição principal é descobrir rochas paleozóicas.

- O perfil 6, na curvatura noroeste da face norte da cava, é o menos informativo: a faixa lateral e as saliências superiores da face até ao meio do declive do projeto estão completamente inexploradas. A parte inferior do futuro poço aberto é caracterizada pelos poços n.º 1420, 1336, 1652, 1745. A documentação relativa ao poço n.º 1688 não foi encontrada.

A este respeito, duas sondagens devem ser realizadas na secção lateral do perfil: a sondagem geotécnica nº TT-4 e a sondagem cartográfica nº TT-3. Um análogo da secção destas sondagens é retirado da sondagem #1745, perfurada a 120 m da sondagem #T-4 e a 250 m da sondagem #T-3.

A espessura dos estratos Meso-Cenozóicos penetrados pelo furo nº 1745 é de 134,0 m; no intervalo de 56-84 m, está exposto um horizonte de areias soltas, que deverá ser objeto de amostragem.

O poço #T-4 será suficiente para perfurar até à abertura e passagem do horizonte de areia (até uma profundidade de 90 m). Simultaneamente, devem ser testados monólitos de argila não perturbada com intercalações de marga a partir de profundidades de 20, 40, 50 m (3 monólitos) e areias com o maior número possível de amostras (mínimo de 6 a partir de um intervalo de 28-30 m a partir da profundidade de 60 m). A perfuração deve ser efectuada por sondagem, com um diâmetro de pelo menos 112 mm.

O poço #T-3 terá de ser perfurado para estabelecer a posição do contacto rocha-rocha solta e a presença de um aquífero a uma profundidade de 140 metros. Não será efectuada qualquer amostragem neste local e a perfuração é possível com um martelo pneumático, ar comprimido ou perfuração a seco com sopro.

- O perfil 7 é normal à face norte do poço norte. Nesta área, a crista também não está explorada e o poço mais próximo #1355 (perfurado em 1985 a uma profundidade de 508 m) está a 165 m horizontalmente distante da crista do projeto. Para além disso, é necessário encontrar documentação sobre a perfuração dos poços #1332 e 1661.

Neste perfil, está prevista a realização de uma sondagem geotécnica T-5 (ver gráfico em anexo), cuja secção prevista, em comparação com a coluna geológica da sondagem 1355, tem o seguinte aspeto: argilas sólidas cinzentas e amareladas encontram-se a uma profundidade de 187 m e estão cobertas por arenitos do Paleozoico; no intervalo de 8097 m, são descobertas margas; de 97 a 120 m, é identificado um horizonte de arenitos de grão fino de idade Meso-Cenozóica.

- profundidade da sondagem geotécnica adicional #T-5 é fixada em 120 m; esta profundidade será suficiente para amostrar os estratos argilosos com monólitos em intervalos de amostragem de 20 m (4 monólitos), para amostrar 2 monólitos de marga (para comparar as caraterísticas físicas com os dados fornecidos no relatório de exploração detalhado [60]), e para amostrar arenitos a uma profundidade de 120 m em intervalos de 20 m (2 amostras).

O furo de sondagem deve ser efectuado com um núcleo de diâmetro mínimo de 112 mm com sopro de ar. O limite inferior do prisma de colapso potencial neste caso será em argilas devido à sua espessura significativa, e não é necessário penetrar nas rochas paleozóicas neste caso.

- O perfil 8 foi perfurado de forma suficientemente informativa durante a exploração detalhada, não sendo necessária qualquer perfuração adicional. Uma secção computacional para avaliação da estabilidade pode ser construída utilizando os poços existentes #1633, 1634, 1656, 1420, complementados pelos poços em falta #1160, 1340.

- O perfil 9 traçado no lado oriental da Pedreira Norte é fundamental para a avaliação da estabilidade da saliência do tipo cantilever no plano do projeto. Para a construção da secção geológica deste perfil: - são utilizados os furos de sondagem existentes n.º 1410, 1617, 1430;

- É necessário fornecer documentação relativa aos furos de sondagem n.ºs 1709 e 1409 (ou documentação sobre a escavação do poço da mina ShKh-10), a fim de estabelecer com maior precisão a posição do contacto entre as rochas meso-cenozóicas e paleozóicas.

Além disso, para estabelecer a espessura das rochas argilosas na faixa de instrumentos e testá-las na secção do lado leste do poço, o furo geotécnico nº

T-6 deve ser perfurado a uma profundidade de 90 m, o que será suficiente neste caso para estabelecer a posição da superfície de deslizamento potencial no maciço do lado.
O poço n.º 1410, perfurado em 1985 a uma distância de 230 m do futuro bordo da orla até uma profundidade de 385 m, é utilizado como análogo para um tipo aproximado de secção geológica da orla no ponto de perfuração do poço T-6. De acordo com as informações disponíveis, espera-se que a secção do poço projetado nº T-6 revele argilas duras tipo argilito com intercalações de marga e arenito denso.
Esta sondagem deve ser efectuada por meio de um método de perfuração com núcleo, com monólitos retirados a intervalos de 10-20 m (5 monólitos no total).
- O perfil 10 situa-se na curva sudeste da cava norte, na zona da lixeira exterior. Apenas dois furos de sondagem previamente realizados (n.ºs 1811, 2016) estão aqui documentados, o primeiro dos quais está localizado a 200 metros do topo do projeto do poço. Para completar a secção, é necessária a documentação de perfuração de vários outros furos, conforme indicado nos Quadros 2.3 - 2.4.
A perfuração de um poço de mapeamento adicional, necessário para estabelecer a profundidade de contacto entre as rochas mesozóicas e cenozóicas, deve ser realizada a uma profundidade de 50 metros. Na sondagem n.º 1811, localizada a 180 m, a profundidade de penetração da cobertura de siltitos paleozóicos subjacente aos estratos argilosos mesozóicos-cenozóicos foi de 45 m.
- O perfil 11, que será utilizado para avaliar a estabilidade do lado oriental do Fosso Central, deve ser seccionado a partir dos furos existentes #1362, 1564, 1980a, 1982, 151, 1508, que foram perfurados ao longo de todo o perfil de cálculo. É necessário refinar a secção para o poço #1790 em falta. Neste caso, não são necessárias perfurações adicionais, uma vez que os furos penetraram nas rochas paleozóicas praticamente a partir da superfície do dia.
- O perfil 12, situado na curva sudeste do poço central, tal como o perfil 11, foi suficientemente estudado durante a exploração pormenorizada do depósito. As rochas paleozóicas (siltitos, arenitos, xistos) encontram-se aqui desde a superfície e o perfil é fechado pelo poço nº 1563. Para construir este perfil, é necessário apresentar documentação sobre a perfuração de poços, cuja lista é apresentada nos Quadros 2.3 - 2.4.

Conclusões

1. Recolha, sistematização e digitalização dos dados das sondagens de prospeção, a exploração pormenorizada do depósito mostrou que não existem

secções geológicas em perfis de cálculo potenciais para avaliar a estabilidade das paredes do poço ao longo das direcções mais perigosas em termos de deformação, o que exige estudos adicionais do maciço rochoso.

2. Uma falta significativa de informação sobre a estrutura geológica do depósito é a ausência de resultados sobre a determinação de caraterísticas como o coeficiente de pressão lateral, o rácio de Poisson, o módulo de deformação, que são necessários para a avaliação da estabilidade dos lados pelo método dos elementos finitos. Por conseguinte, é necessário determinar estes parâmetros com a exatidão necessária e no número de determinações requerido para o seu processamento estatístico.

3. = Analisando numerosos estudos sobre o estado de tensão natural dos maciços rochosos, verificou-se que as mesmas tensões horizontais em maciços rochosos de depósitos, dentro dos limites da Ásia Central, a profundidades iguais e em rochas próximas em termos de resistência, permitem obter os valores médios das principais tensões horizontais, a sua variação com a profundidade no valor da componente vertical $\sigma_{,41\iota}$ γ-H. De acordo com o qual Amantaytau pertence ao segundo grupo pelos valores das tensões horizontais.

4. De acordo com a análise dos materiais disponíveis da exploração detalhada, estabelecemos uma lista de sondagens adicionais para a construção de secções geológicas para o zonamento dos lados para uma avaliação completa e qualitativa da estabilidade dos lados da mina a céu aberto de Amantaitau nos seus contornos de projeto, exatamente ao longo dos eixos dos perfis de projeto aceites por nós.

CAPÍTULO 3

INVESTIGAÇÃO LABORATORIAL PARA DETERMINAR CARACTERÍSTICAS GEOLÓGICAS E DE ENGENHARIA DAS ROCHAS DO DEPÓSITO

ROCHAS DO DEPÓSITO

Sobre o método proposto de seleção e preparação de amostras de rocha para ensaios laboratoriais das propriedades físicas e mecânicas das rochas e o método de investigação das propriedades físicas e mecânicas das rochas, sobre a determinação da resistência à tração, propriedades de deformação, coesão e ângulo de atrito interno, sobre as velocidades das ondas elásticas longitudinais e transversais nas rochas.

§ 3.1. Metodologia de seleção e preparação de amostras de rocha para ensaios laboratoriais das propriedades físicas e mecânicas das rochas

ensaios laboratoriais das propriedades físicas e mecânicas das rochas.
rochas.

A amostragem (tanto dos poços como das encostas dos lados) e o seu acondicionamento devem cumprir os requisitos da norma GOST 12071-2014 [67], com exceção da possibilidade de secagem ou saturação artificial com água, não prevista no programa de ensaios laboratoriais. As amostras devem ser fornecidas com rótulos bem legíveis, orientadas de acordo com o esquema "de cima para baixo" e envolvidas em várias camadas de película extensível ou embaladas em gaze embebida em parafina derretida com betume.

A metodologia e os volumes quantitativos dos testes laboratoriais em amostras selecionadas não estão regulamentados, uma vez que estes trabalhos dependem de condições específicas. A principal condição é a suficiência do número de ensaios em todas as amostras selecionadas para o processamento estatístico qualitativo de acordo com os requisitos do GOST 20522-2012 [68]. Não se exclui a utilização de valores tabelados das caraterísticas físicas e mecânicas das rochas, indicados na literatura regulamentar atual.

Foram recolhidas 56 amostras para a realização de um conjunto de ensaios destinados a determinar as propriedades físicas e mecânicas das rochas dos depósitos Amantaytau Norte e Central.

A preparação das amostras de rocha para os ensaios laboratoriais incluiu operações de despressurização das amostras (extração dos sacos de polietileno), limpeza das suas superfícies, fabrico de amostras rectangulares com as dimensões requeridas por processamento em equipamento especial de corte de rocha e empilhamento das amostras fabricadas em exicadores para armazenamento.

O seguinte equipamento foi utilizado para preparar os espécimes para ensaio:

- Máquina de corte de pedra FUBAG A-44/420 M3F ;
- Máquina de moagem POLYLAB P12M;
- excitadores.

A máquina de corte de pedra da FUBAG foi utilizada para o corte de alto desempenho de rocha em amostras rectangulares com faces planas. O corte foi efectuado com um disco de corte diamantado com um diâmetro de 350 mm Fig. 3.1.

Fig.3.1 Máquina de corte de pedra FUBAG A-44/420 M3F

A máquina de lixar Polylab P12M foi utilizada para lixar as superfícies das amostras de rocha depois de as cortar na máquina de cortar pedra Fig.3.2.

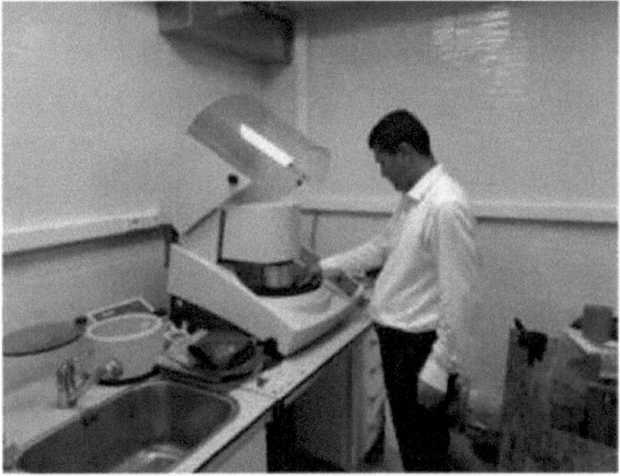

Fig.3.2 Máquina de retificação POLYLAB P12M

Os exicadores, que são recipientes de vidro com tampas hermeticamente fechadas, foram utilizados para armazenar os espécimes fabricados antes do ensaio sem perda adicional de humidade.

As dimensões dos espécimes de rocha fabricados foram escolhidas tendo em conta os requisitos das normas GOST [69-78] para os métodos de ensaio e a presença de superfícies de enfraquecimento, diversas em composição e orientação.

Se não foi possível produzir espécimes com a altura necessária devido a fendas ao longo das superfícies de enfraquecimento durante a preparação, foram testados espécimes com a altura máxima possível.

§ 3.2. Métodos de investigação das propriedades físico-mecânicas rochas

Os estudos laboratoriais das rochas, bem como o processamento em ambiente de trabalho dos resultados dos ensaios, foram efectuados em conformidade com os requisitos dos documentos regulamentares em vigor, sendo os principais:

GOST 25100-2011. Rochas. Classificação, GOST 12071-2014. Seleção, embalagem, transporte e armazenamento de amostras, GOST 5180-2015. Métodos de determinação laboratorial de caraterísticas físicas, GOST 205222012. Rochas. Métodos de processamento estático de resultados de testes.

O equipamento de laboratório utilizado para a investigação de rochas foi objeto de verificação metrológica de acordo com o procedimento estabelecido. Em condições de laboratório, foram efectuados ensaios para determinar as caraterísticas físicas e mecânicas para os seguintes tipos de estudos:

- teor de humidade natural; densidade da rocha; densidade da rocha seca; humidade no limite de cedência; humidade no limite de rolamento; composição granulométrica; coeficiente de saturação de água; número de plasticidade; coesão e ângulo de atrito interno das rochas; coesão e ângulo de atrito interno pelo método de cisalhamento de plano único nos estados natural e encharcado.
- resistência à compressão; resistência à tração; resistência ao cisalhamento; ângulo de inclinação natural; cálculo do ângulo de atrito interno e da coesão.

A densidade e a humidade das rochas foram determinadas de acordo com a norma GOST 5180-2015.

O teor de humidade das rochas argilosas foi determinado como a relação entre a massa de água removida da rocha por secagem até uma massa constante e a massa da rocha seca:

$$W = \frac{m_1 - m_0}{m_0 - m} 100 \qquad (3.1)$$

em que t - peso do bunker vazio, g; t_1 - peso da rocha húmida com o bunker, g; t_0 - peso da rocha seca com o bunker, g, seca à temperatura de 105±20C.

A densidade foi determinada pelo método do anel de corte. A densidade da rocha é determinada pela relação entre o peso da amostra e o seu volume no estado natural e é expressa em g/cm3

$$\rho = \frac{m_1 - m_0 - m_2}{V} \quad (3.2)$$

onde m_1 - massa da amostra com o anel e as placas, g ; t_0 - massa do anel, g ; m_2 - massa das placas, g ; V - volume interno do anel, $cm3$.

A densidade da rocha foi determinada por medição direta e por pesagem em água:

1. A densidade (volumétrica) foi determinada por medição direta. Para este efeito, as amostras cilíndricas de forma regular foram medidas e pesadas, após o que o valor da densidade foi calculado. GOST *8269.0-97* p.4.1.3.

2. A densidade das amostras de rocha (ρ, kg/m^3) foi calculada de acordo com a fórmula:

$$\rho = \frac{m}{V} \quad (3.3)$$

em que t é a massa de rocha num determinado volume V.

3. Determinação da densidade do solo por pesagem em água. A amostra de solo é coberta com um revestimento de parafina, imergindo-a durante *2-3* segundos em parafina aquecida. A amostra parafinizada arrefecida é pesada num recipiente com água.

4. A densidade do solo ρ, g/cm^3 é calculada pela fórmula

$$\rho = \frac{m\rho_p\rho_w}{\rho_p(m_1 - m_2) - \rho_w(m_1 - m)} \quad (3.4)$$

em que t - massa da amostra de solo antes da parafinização, g ; t_1 - massa da amostra de solo parafinizada, g ; m_2 - resultado da pesagem da amostra em água, diferença entre as massas da amostra parafinizada e da água deslocada por ela, g ; ρ_p - densidade da parafina, tomada como 0,900 *g/cm3* ; pw - densidade da água à temperatura de ensaio, *g/cm3*.

Determinação do teor de humidade do limite de cedência (w_L) e do limite de rolamento (w_P) de rochas argilosas.

O ponto de cedência w_L deve ser definido como o teor de humidade da pasta preparada a partir da amostra a ensaiar, no qual o cone da balança é imerso sob o seu próprio peso durante 5 segundos até uma profundidade de 10 mm.

O limite de laminação w_P (plasticidade) deve ser definido como o teor de humidade da pasta preparada a partir da amostra de ensaio, no qual a pasta, enrolada num feixe com um diâmetro de 3 mm, começa a desintegrar-se em pedaços com um comprimento de 3-10 mm.

O índice de plasticidade I_P de uma amostra de rocha argilosa é determinado pela diferença de teor de humidade correspondente a dois estados da rocha: no limite de elasticidade W_L e no limite de rolamento W_P.

§ 3.3. Determinação da resistência à tração, propriedades de deformação, aderência e ângulo de atrito interno, módulo de elasticidade de Young e coeficiente de Poisson Elasticidade de Young e coeficiente de Poisson pelas velocidades de passagem de ondas elásticas longitudinais e transversais nas rochas.

A resistência à tração e as caraterísticas de deformação das rochas são realizadas de acordo com GOST 24941-81 Rocks. Métodos de determinação das propriedades mecânicas por carregamento com indentadores esféricos [73].

Para o ensaio utilizámos uma sonda Phenom, Fig. 3.3. com acionamento manual, concebida para determinar a determinação complexa das caraterísticas de resistência e deformação das rochas em condições de laboratório e de campo em amostras de forma arbitrária, incluindo irregular.

O modo de teste permite o carregamento e descarregamento de amostras em duas fases, com registo das alterações correspondentes nas leituras do dinamómetro e nos indicadores de medição da convergência da indentação.

O valor da carga correspondente a cada fase de carga depende da resistência da rocha e é determinado pelos dados tabelados no manual de instruções da sonda Phenom.

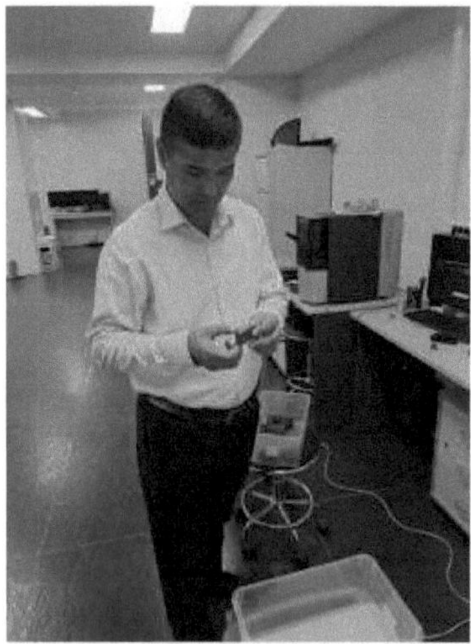

Fig.3.3. A sonda Phenom foi concebida para a determinação complexa

das caraterísticas de resistência e deformação das rochas

A resistência à tração é calculada de acordo com a fórmula:

$$\sigma_{p'} = 7{,}5\frac{P}{S} \qquad (3.4)$$

onde P - carga destrutiva máxima, *kg's; S* - valor da área real da superfície da *fratura* direta (fenda) do provete F, $m2$.

Calcular o módulo de deformação residual (D) da rocha durante a indentação de indentadores esféricos ($kg^{\wedge}f/mm2$) de acordo com a fórmula:

$$D = \frac{P_2 - P_1}{\delta_{2.0} - \delta_{1.0}} r_0 \qquad (3.5)$$

=em que r_o 7,5 *mm* - raio dos travessões; $0_{2,o}$, $\delta_{1,o}$ - leituras dos indicadores de medição da convergência dos travessões durante a descarga, *mm*.

Calcular o módulo de elasticidade em compressão E a partir dos resultados das medições efectuadas na segunda fase de carga, de acordo com a fórmula: em que $a2$ é o raio do local de contacto, *mm;* Δ_{2u} é a aproximação elástica à amostra, *μm;* P_2 é a carga, *kg's*.

A resistência ao cisalhamento da rocha é definida como a tensão tangencial média final à qual uma amostra de rocha se cisalha através de uma densidade fixa a uma dada tensão normal [74].

Os ensaios de cisalhamento foram realizados em máquinas universais da série LFM-50, em amostras de estrutura não perturbada, à humidade natural, sem a sua compactação preliminar, de acordo com o esquema de cisalhamento não consolidado Fig.3.4.

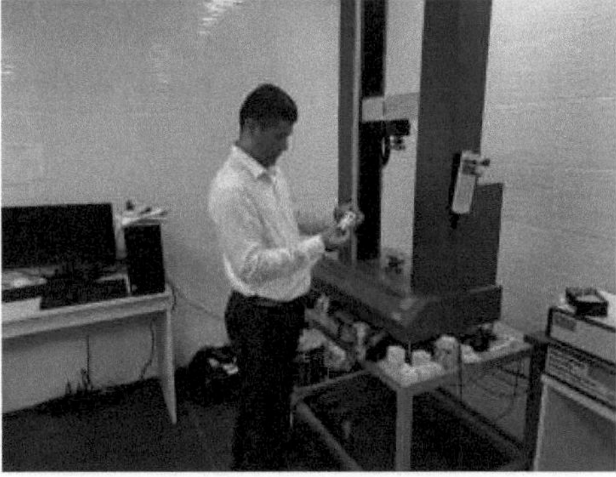

Fig.3.4 Aparelho de ensaio de cisalhamento para rochas dispersas máquina universal da série LFM-50

A carga tangencial foi aplicada uniformemente, a uma taxa de 0,05 mm/min até ao corte instantâneo (falha).

As tensões tangenciais e normais τ e σ, MPa, foram calculadas a partir dos valores das cargas tangenciais e normais medidos durante os ensaios, utilizando as fórmulas:

$$\tau = \frac{Q}{F}; \qquad (3.7)$$

$$\sigma = \frac{F}{A} \qquad (3.8)$$

onde Q e F - respetivamente, forças tangenciais e normais ao plano de cisalhamento, kN; A - área de cisalhamento, cm^2.

O ângulo de atrito interno φ e a aderência específica C são definidos como parâmetros de dependência linear:

$$\tau = \sigma \cdot tg\varphi + C, \qquad (3.9)$$

em que τ e σ são determinados pelas fórmulas (3.7) e (3.8).

Definição de Soakability. A molhabilidade é a capacidade das rochas, ao interagirem com água calma, perderem coesão e transformarem-se numa massa solta com perda parcial ou total da capacidade de suporte. Os indicadores de encharcamento, juntamente com a retração, o inchaço e o amolecimento, caracterizam a resistência à água (resistência à água) das rochas, ou seja, a capacidade das rochas de manterem a resistência mecânica e a estabilidade quando interagem com a água.

Tanto as rochas sedimentares rochosas com cimento solúvel (carbonato) ou argiloso como as várias rochas argilosas coesivas são susceptíveis de serem encharcadas. A perturbação da composição natural das rochas contribui significativamente para a encharcabilidade. A maior parte das rochas ígneas, metamórficas e sedimentares com cristalização de ligações iónico-covalentes são praticamente não molháveis.

A capacidade de absorção é causada pelo enfraquecimento e, por vezes, pela destruição de ligações estruturais entre partículas elementares ou agregados de rocha no processo da sua hidratação.

Para caraterizar a capacidade de absorção das rochas são utilizados os seguintes índices de capacidade de absorção:

a) Tempo de imersão - tempo durante o qual uma amostra de rocha colocada em água perde a sua coesão e se desintegra em elementos estruturais de diferentes tamanhos;

б) Taxa de impregnação - estimada pela perda relativa de massa ao longo do tempo;

в) grau de embebição - caracteriza a redução relativa da altura da amostra;

г) carácter da imersão - reflecte o quadro qualitativo da desintegração da amostra de rocha e é determinado visualmente (desintegração rápida, descamação de crostas separadas, desintegração em pedaços separados, etc.). Segundo a norma RSN 51-84 [79], de acordo com o tempo de imersão da amostra, diferenciam-se os tipos de embebição: instantânea - completamente em 1 minuto; muito rápida - mais de 80-90% em 30 minutos; rápida - mais de 50% em 1 hora; lenta - menos de 50% em 6 horas; muito lenta - menos de 25% em 24 horas; rocha não embebida - menos de 10% em 48 horas.

Em condições laboratoriais, as amostras de rocha foram testadas quanto à sua capacidade de imersão. Foi cortada uma amostra da amostra de núcleo, colocada num peneiro com uma malha de 10x10 mm, suspensa numa balança e imersa num recipiente com água da torneira à temperatura ambiente. Durante o processo de imersão, o carácter e a velocidade de imersão das amostras foram observados e registados em registos.

O coeficiente de filtração das rochas argilosas e arenosas foi determinado em amostras não perturbadas, utilizando o dispositivo de compressão do laboratório de campo PPL-9 [80].

O coeficiente de filtração exprime a taxa de filtração da água com um gradiente de altura igual a um e uma lei de filtração linear

$$K = 0{,}01565\frac{Б}{t \cdot r} \qquad (3.10)$$

$$Б = \ln\left(1 - \frac{y}{H}\right) \qquad (3.11)$$

em que K - coeficiente de filtração, *cm/seg* ; t - duração da experiência, *seg* ; r - correção da temperatura da água (segundo Khazin); y - queda do nível da água no tubo de pressão, *cm* ; H - altura inicial da cabeça, *cm.*

Os métodos dinâmicos de determinação das propriedades de deformação (elásticas) das rochas baseiam-se na medição das velocidades das vibrações elásticas excitadas nas amostras estudadas na gama de frequências sonoras e ultra-sónicas, ou seja, são simultaneamente métodos de determinação das propriedades acústicas das rochas.

O método mais difundido na prática no estudo das propriedades das rochas é o método dinâmico por impulsos, que se baseia na passagem através da amostra da rocha em estudo de impulsos repetitivos de oscilações ultra-sónicas, cujos valores das velocidades de propagação são utilizados para calcular as caraterísticas elásticas. Este método foi desenvolvido muito mais tarde do que o método estático, mas está cada vez mais difundido devido à sua simplicidade, à baixa intensidade de trabalho nas medições e à utilização de aparelhos de medição em série fiáveis e fáceis de utilizar Fig.3.5.

A essência do método é a medição do tempo de viagem do impulso elástico através de uma amostra de rocha [78].

Para o ensaio, utilizámos o dispositivo ultrassónico de velocidade de ondas acústicas elásticas.

Cada amostra é sondada três vezes em direcções mutuamente perpendiculares.

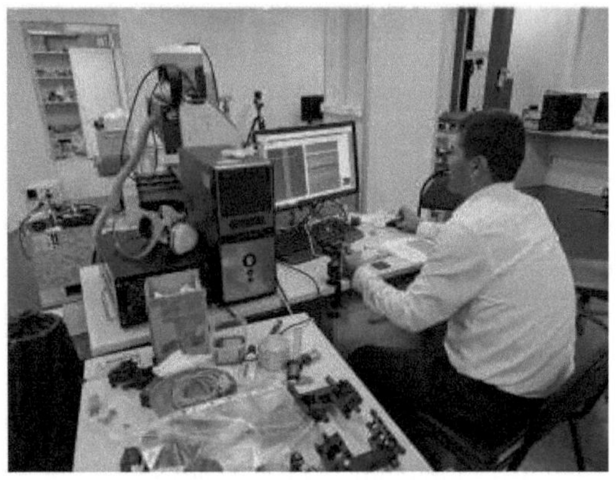

Fig.3.5 Dispositivo para determinar a velocidade das ondas acústicas elásticas "Ultrassom"

O módulo de elasticidade dinâmico (módulo de Young) é determinado pela fórmula (3.12) "Properties of rocks and methods of their determination" [81]:

$$E_{Д} = \frac{C_{np} \cdot \rho \cdot (1+\mu) \cdot (1-2\mu)}{1-\mu}, \quad (3.12)$$

em que C_{pr} é a velocidade da onda longitudinal, *cm/seg;* ρ é a densidade, $kg^{\wedge}sec^2/cm^4$; μ é o coeficiente de Poisson.

Para determinar o coeficiente de Poisson dinâmico, utiliza-se a dependência de acordo com a fórmula (3.13) "Properties of rocks and methods of their determination" [81]:

$$\mu = 0{,}5 - \sqrt{R} - R^2 \quad (3.13)$$

em que R é a relação entre a velocidade da onda transversal e a velocidade da onda longitudinal.

A resistência final das rochas em compressão uniaxial, σ_{cj}, foi determinada de acordo com a norma GOST 21153.2-84 [71].

A essência do método consiste em medir a força máxima de rutura aplicada às extremidades de um espécime de forma regular através de placas planas de aço Fig.3.6.

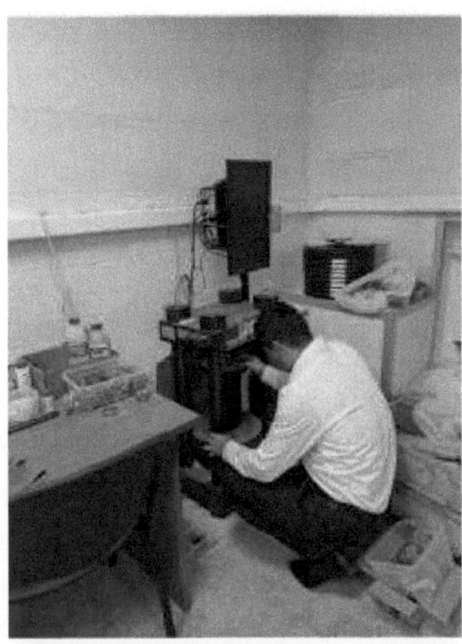

Fig.3.6 Máquina de ensaio (prensa de laboratório 50 t

Os ensaios de compressão uniaxial foram realizados em provetes prismáticos (com uma secção transversal quadrada), com a relação entre a altura h e o lado quadrado, aproximadamente igual a 2,0-2,5, o que no lado dos provetes 41±1 mm correspondia à sua altura igual a 80-100 mm. As superfícies das extremidades eram paralelas entre si e perpendiculares à superfície lateral.

Se não foi possível produzir espécimes com a altura necessária (devido a fendas ao longo das superfícies de enfraquecimento durante a preparação), os espécimes com a altura máxima possível foram submetidos a ensaios de compressão.

De acordo com a carga máxima e a área da secção transversal, a resistência à compressão do provete em MPa foi calculada pela fórmula

$$\sigma_{сж} = K_в \frac{P}{S} 10 \qquad (3.14)$$

em que *P* é a força que destrói o provete, *kN;* S é a área média da secção transversal do provete, igual à meia soma das áreas das extremidades superior e inferior do provete antes da sua destruição, *cm*^{2}. Kv - coeficiente adimensional da altura do provete, igual a 1,00 para a razão entre a altura e o diâmetro *m = 2±0,05.*

A determinação da resistência à tração uniaxial de amostras de rocha pelo método dos indentadores esféricos é realizada de acordo com GOST 21153.3-85 "Rocks. Métodos de determinação da resistência à tração uniaxial" [72]. [72].

Os ensaios de tração uniaxial foram realizados em amostras em forma de prisma com uma altura de 15-20 mm. As superfícies das extremidades eram paralelas entre si e perpendiculares à superfície lateral. Se fosse impossível produzir espécimes com a altura necessária (devido à divisão ao longo das superfícies de enfraquecimento durante a preparação), os ensaios de tração eram realizados em espécimes de forma semi-regular permitidos pelos ensaios de tração GOST [72].

A resistência à tração uniaxial (σ_p) em MPa para cada provete é calculada de acordo com a fórmula

$$\sigma_{p'} = 7{,}5\frac{P}{S} \qquad (3.15)$$

em que *P* - força destrutiva, *kN; S* - área da superfície de fratura da amostra, *cm²; K* - fator de escala adimensional, considerado igual a 1,00, para *S* = *(15±3) cm²*.

Para outros valores da área de superfície de fratura da amostra S, o coeficiente *K* é definido de acordo com a Tabela 3.2 [72].

A resistência ao cisalhamento compressivo das rochas (componentes normal e de cisalhamento da carga) é determinada pelo método de cisalhamento oblíquo de acordo com GOST 21153.5-88 [77].

O método de cisalhamento oblíquo da rocha permite a rotura por cisalhamento de amostras num plano inclinado, com uma determinada relação entre as componentes de cisalhamento e normal da carga, ou seja, rotura por cisalhamento com compressão e calculada pelas fórmulas:

$$\tau_{\Theta} = 10\frac{P}{S}\cos\Theta \qquad (3.16)$$

$$\sigma_{\Theta} = 10\frac{P}{S}\sin\Theta \qquad (3.17)$$

= ▪ em que *P é a* força de rutura, *kN; Θ é o* ângulo entre o plano de corte e a direção da força de rutura, *deg ; S h d* é a área do plano de corte do provete, *cm²*.

Foram utilizadas no ensaio matrizes com diferentes ângulos de inclinação (25, 35 e 45 graus) Fig.3.7.

Fig.3.7. Prensa de laboratório na variante com matrizes amovíveis intercambiáveis em cisalhamento com compressão a um ângulo de

inclinação de 450.

A metodologia para determinar as propriedades de resistência das rochas no estado saturado de água é a seguinte: as amostras foram secas até massa constante num exsicador a uma temperatura de 1050 C.

As amostras secas foram pesadas e colocadas num recipiente com água destilada, imergindo-as na água até à sua altura máxima.

As amostras foram mantidas durante 6 dias. Antes da pesagem, as faces das amostras saturadas de água foram limpas com gaze húmida espremida.

O provete foi colocado no equipamento de ensaio e, em seguida, foi efectuado um ensaio de compressão utilizando as técnicas normalizadas indicadas acima.

§ 3.4 Resultados dos estudos das caraterísticas físicas e mecânicas das rochas do depósito Amantaytau

Foram efectuados estudos laboratoriais das propriedades físicas e mecânicas das rochas em 56 amostras retiradas dos depósitos Amantaytau Norte e Central.

Os resultados obtidos do estudo das propriedades das rochas são apresentados nas tabelas.

1. Os resultados das propriedades físicas e mecânicas das rochas argilosas dos depósitos Amantaytau do Norte e Central são apresentados no Quadro 3.1.
2. Os resultados das determinações das propriedades físicas e mecânicas das rochas rochosas dos depósitos Amantaytau do Norte e Central são apresentados na Tabela 3.2.
3. Os resultados das determinações das propriedades físicas e mecânicas das rochas soltas dos depósitos Amantaytau Norte e Central são apresentados na Tabela 3.3.

Os estudos laboratoriais sobre a determinação das caraterísticas de engenharia e geológicas das rochas do depósito foram realizados no "Laboratório inovador de diagnóstico da estrutura e propriedades das rochas com a utilização de diagnósticos de ultra-sons a laser" da Universidade Tecnológica de Investigação Nacional "MISIS" (Federação Russa, Moscovo).

Tabela 3.1.

Resultados das propriedades físicas e mecânicas das rochas argilosas dos depósitos Amantaytau Norte e Central

№ пробы	№ скважины, точки наблюдения	Глубина (интервал), горизонт отбора пробы, м	Кол-во образцов	Литотип	Влажность, %			Число пластичности	Показатель текучести	Плотность, г/см³			Угол внутреннего трения образца	Удельное сцепление грунта, МПа	Предел прочности при сжатии, МПа		Модуль деформации, МПа	Коэффициент Пуассона	Модуль упругости, МПа	Размокаемость	Коэффициент фильтрации
					природная	на границе текучести	на границе раскатывания			частиц	природной влажности	сухого			в крест простирания	по слоистости					
					W	W_L	W_P	J_P	J_L	ρ_s	ρ	ρ_d	φ	C	$\sigma_{сж}$	$\sigma_{сж}$	$E_д$	μ	E		$K_ф$
1	2	3	4	5	6	7	8	9	10	11	12	13	14	15	16	17	18	19	20	21	22
1	т.н. 9	350	1	Глина твердая прочная тонкослоистая	7,62	53,76	22,11	31,65	-0,46	2,74	2,02	1,88									
1	т.н. 9	350	2	Глина твердая прочная тонкослоистая	12,07					2,74	2,07	1,85			4,07 - 5,96 / 5,22						
1	т.н. 9	350	3	Глина твердая прочная тонкослоистая	8,81					2,74	1,99	1,83				1,80 - 4,79 / 3,00					
2	т.н. 10	350	1	Глина твердая прочная тонкослоистая	7,98	59,22	28,75	30,47	-0,68	2,75	2,02	1,87					2,75	0,39	2,74		
9	Скв - 8	15,0	1	Глина твердая	30,17	39,59	18,48	21,11	0,55	2,74	1,91	1,47	21°48'	0,100		0,87 - 1,06 / 0,96	2,53	0,42	0,88	медленная	0,008
9	Скв - 8	15,0	2	Глина твердая	19,93					2,74	1,99	1,66	21°48'	0,105							
24	Скв - 6	17,0	1	Глина твердая	29,57	53,70	22,21	31,49	0,23	2,75	1,85	1,43	19°18'	0,06		0,11 - 0,39 / 0,25					
25	Скв - 6	18,0	1	Глина твердая	35,51	54,01	24,01	30,00	0,38	2,75	1,77	1,31	18°	0,09		0,19 - 0,25 / 0,22					
36	Скв - 3	30,0	1	Суглинок песчанистый плотный	19,65	46,94	30,06	16,87	-0,62	2,73	1,99	1,66	14°06'	0,018							
36	Скв - 3	30,5	2	Суглинок песчанистый плотный	20,04	47,22	30,43	16,80	-0,62	2,73	2,01	1,67					2,81	0,63	0,67		
41	Скв - 3	100,0	1	Глина насыщенная водой, полутвердая до пластичной	22,08	41,08	18,28	22,81	0,17	2,74	1,98	1,62	19°18'	0,115							
41	Скв - 3	103,0	2		21,94	47,91	20,92	26,99	0,04	2,74	2,02	1,66					2,53	0,44	0,97		
43	Скв - 2	25,0	1	Глина твердая	20,13	61,96	29,71	32,24	-0,30	2,75	2,22	1,85	20°30'	0,07							
43	Скв - 2	25,0	2	Глина твердая	18,75					2,75	2,20	1,85					2,77	0,45	0,93		
43	Скв - 2	25,0	3	Глина твердая	19,97					2,75	2,23	1,86								очень медленная	
45	Скв - 2	50,0	1	Глина черная твердая тонкослоистая	12,19																
45	Скв - 2	50,0	2	Глина черная твердая тонкослоистая	24,85					2,75	1,81	1,45									
45	Скв - 2	50,0	3	Глина черная твердая тонкослоистая	23,97					2,75	1,79	1,44					3,07	0,41	1,05		
50	Скв - 5	50,0	1	Глина твердая	16,64	48,45	25,71	22,74	0,40	2,73	1,94	1,66	20°30'	0,11							
50	Скв - 5	50,0	2	Глина твердая	34,54	49,12	26,81	22,31	0,35	2,73	1,97	1,46					2,47	0,43	0,57		
52	Скв - 5	70,0	1	Глина твердая	16,98	52,28	27,21	25,07	-0,41	2,73	1,80	1,54	23°	0,15							
53	Скв - 6	80,0	1	Глина твердая	18,48	53,13	28,10	25,03	-0,38	2,74	2,53	2,14					2,71	0,45	0,92		
54	Скв - 7	100,0	1	Глина твердая	19,54	52,38	27,15	25,23	-0,30	2,74	2,27	1,90	23°	0,13							
55	Скв - 8	120,0	1	Глина твердая	13,46	53,92	26,18	27,73	-0,46	2,74	2,06	1,82					2,57	0,31	0,44		

Tabela 3.2.

Resultados das determinações das propriedades físicas e mecânicas das rochas rochosas dos depósitos Amantaytau Norte e Central

Таблица 3.2

Результаты определений физико-механических свойств скальных горных пород месторождений Северный и Центральный Амантайтау

№ пробы	№ скважины, точки наблюдения	Глубина (интервал), горизонт отбора пробы, м	Кол-во образцов	Литотип	Плотность, г/см3	Предел прочности при сжатии, МПа		Предел прочности при растяжении, МПа	Модуль деформации	Коэффициент Пуассона	Модуль упругости	Угол внутреннего трения	Сцепление, МПа	Предел прочности при срезе со сжатием, τ_n, МПа		
						в крест сланцевости	по сланцевости									
					ρ	$\sigma_{сж}$	$\sigma_{сж}$	σ_p	$E_д$	μ	E	$\varphi°$	C	35°	35°	45°
1	2	3	4	5	6	7	8	9	10	11	12	13	14	15	16	17
3	т.н. 12	350	1	Сланец глинистый алевритовый	2,66	9,93 - 24,90 18,96										
3	т.н. 12	350	2	Сланец глинистый алевритовый	2,63							20°18'	0,008			
3	т.н. 12	350	3	Сланец глинистый алевритовый	2,64							19°18'	0,013			
4	т.н. 5	330	1	Сланец глинистый алевритовый	2,63							20°	0,011			
4	т.н. 5	330	2	Сланец глинистый алевритовый	2,65	35,87 - 50,32 42,50										
4	т.н. 5	330	3	Сланец глинистый алевритовый	2,63		8,74 - 27,73 18,24					19°18'	0,015			
4	т.н. 5	330	4	Сланец глинистый алевритовый	2,58	53,72 - 95,37 74,54			127	0,25	1,10					
4	т.н. 5	330	5	Сланец глинистый алевритовый	2,64		7,29 - 23,90 15,60		182	0,26	1,23					
5	т.н. 3	340	1	Сланец глинистый алевритовый	2,32	12,99 - 16,50 15,02										
5	т.н. 4	340	2	Сланец глинистый алевритовый	2,40		8,78 - 11,85 10,62									
7	т.н. 1	360	1	Сланец глинистый тонкосернистый	2,42							21°06'	7,22	8,80	11,01	11,74
7	т.н. 1	370	2	Сланец глинистый тонкосернистый	2,48							23°24'	4,19	5,25	8,50	7,39
7	т.н. 1	370	3	Сланец глинистый тонкосернистый	2,42							26°36'	5,40	7,06	10,09	10,86
7	т.н. 1	370	4	Сланец глинистый тонкосернистый	2,45				151	0,27	1,51					
7	т.н. 1	370	5	Сланец глинистый тонкосернистый	2,43			1,10 - 1,68 1,48								
8	т.н. 4	330	1	Сланец глинистый	2,36							19°48'	6,52	7,50	8,69	9,08
8	т.н. 4	330	2	Сланец глинистый	2,40							16°12'	2,21	2,56	2,92	3,12
8	т.н. 4	330	3	Сланец глинистый	2,41							17°24'	5,30	6,20	7,04	7,72
10	Скв - 8	26,0	1	Мергель	1,92		1,91 - 3,70 2,55		73	0,38	0,22					
11	Скв – 8	40,0	1	Мергель	1,97		3,21 - 6,33 4,76		28	0,32	0,36					
15	Скв - 8	82,0	1	Аргиллит	2,04		0,22 - 0,52 0,38		17	0,32	0,23	36°3'	0,26	0,40	0,65	1,01
16	Скв - 8	87,0	1	Мергель	2,10				25	0,41	0,27	28°	1,03	1,37	1,97	2,20
17	Скв - 8	100,0	1	Мергель	2,13							32°48'	0,74	1,05	1,22	2,06
18	Скв - 8	123,0	1	Сланец малопрочный	2,46		2,01 - 3,24 2,49		154	0,40	0,66					
19	Скв - 8	124,0	1	Сланец малопрочный	2,41		5,99 - 8,01 6,69		202	0,38	0,39					
20	Скв - 8	125,0	1	Сланец малопрочный	2,44		3,62 - 12,07 7,79		204	0,31	2,00					
21	Скв - 8	132,0	1	Сланец средней прочности	2,64		7,05 - 14,45 10,75					20°54'	9,73	11,84	13,13	15,73
22	т.н. 12а	345	1	Сланец средней прочности	2,60		9,70 - 17,11 13,11					19°12'	1,97	2,34	2,46	3,01
22	т.н. 12а	345	2	Сланец средней прочности	2,59							22°48'	3,34	4,15	5,18	5,75
22	т.н. 12а	345	3	Сланец средней прочности	2,61							19°36'	2,24	2,69	3,02	3,47
23	т.н.19	320	1	Сланец средней прочности	2,52		26,26 - 47,41 34,35					28°24'	4,77	6,38	9,29	10,40
23	т.н.19	320	2	Сланец средней прочности	2,56							20°36'	6,90	8,37	9,06	11,07
23	т.н.19	320	3	Сланец средней прочности	2,54							20°30'	4,92	5,97	6,45	7,88

1	2	3	4	5	6	7	8	9	10	11	12	13	14	15	16	17
28	Скв - 6	43,0	1	Песчаник	2,15							33°24′	1,71	2,47	4,06	5,02
28	Скв - 6	43,0	2	Песчаник	2,13				136							
30	Скв - 6	62,0	1	Песчаник	2,36		4,11 - 8,99 5,69		338	0,30	1,52					
31	Скв - 6	81,0	1	Аргиллит	2,19		0,74 - 2,07 1,28		-	-	-					
32	Скв - 6	92,0	1	Аргиллит	2,18							34°	0,26	0,38	0,64	0,80
33	Скв - 6	100,0	1	Аргиллит	2,17		0,22 - 2,21 1,51					29°12′	0,32	0,44	0,64	0,73
34	Скв - 6	110,0	1	Аргиллит	2,17		0,22 - 0,50 0,35									
35	Скв - 6	120,0	1	Сланец	2,29		9,59 - 12,32 10,95									
37	Скв - 3	50,0	1	Мергель	1,89		1,82 - 3,56 2,51									
38	Скв - 3	51,0	1	Мергель	1,91		2,51 - 5,24		89	0,32	1,62					
39	Скв - 3	60,5	1	Мергель	2,04			1,02 - 1,28 1,15	97	0,31	1,48					
42	Скв - 3	110,0	1	Алевролит	2,25		0,51 - 1,00 0,72									
44	Скв - 2	40,0	1	Мергель	1,80				134	0,29	0,85					
44	Скв - 2	40,5	2	Мергель	1,81			0,20 - 0,84 0,52				25°30′	0,93	1,20	1,40	1,79
49	Скв - 2	110,0	1	Аргиллит слабо рассланцованный, прочный	2,23			0,11 - 0,93 0,27								
49	Скв - 2	110,0	2	Аргиллит слабо рассланцованный, прочный	2,30		0,47 - 0,55 0,52					19°12′	0,98	1,17	1,25	1,51
49	Скв - 2	110,0	3	Аргиллит слабо рассланцованный, прочный	2,27		0,22 - 1,13 0,75									
51	Скв - 5	50,0	1	Мергель темно-коричневый	1,95			0,18 - 0,36 0,27				21°24′	1,04	1,27	1,48	1,71
51	Скв - 5	50,0	2	Мергель темно-коричневый	1,91		2,66 - 5,08 3,70									
56	Скв - 5	140,0		Песчаник	2,56		8,14 - 8,54 8,34									

Tabela 3.3.

Resultados das determinações das propriedades físicas e mecânicas das rochas soltas dos depósitos Amantaytau Norte e Central

№ пробы	№ скважины, точки наблюдения	Глубина (интервал), горизонт отбора пробы, м	Кол-во образцов	Литотип	Влажность, %	Плотность, г/см³	Угол внутреннего трения грунта, град	Удельное сцепление грунта, МПа	Угол естественного откоса, град	Предел прочности при сжатии, МПа	Модуль деформации, МПа	Коэффициент Пуассона	Модуль упругости, кг/см²х10⁴	Коэффициент фильтрации, м/сут	Результаты гранулометрического состава горных пород							
															>10	10-5	5-2	2-1	1-0,5	0,5-0,25	0,25-0,1	0,1-0,05
					W	ρ	φ	C	α	σсж	$E_д$	μ	E	$K_ф$								
1	2	3	4	5	6	7	8	9	10	11	12	13	14	16	17	18	19	20	21	22	23	24
6	т.н. 23	370	1	Песчаник тонкозернистый	0,18	1,63	26°36′	0,003	31°								3,14	1,11	2,08	9,48	63,90	20,34
6	т.н. 23	370	2	Песчаник тонкозернистый	0,20	1,59			32°							12,51	10,58	3,79	3,72	7,20	50,08	12,18
6	т.н. 23	370	3	Песчаник тонкозернистый	0,21	1,62			30°													
12	Скв - 8	60,0	1	Песок мелкий	11,45	1,82	36°34′	0,006	38°						7,31	3,49	0,89	0,89	1,77	21,30	51,88	12,47
12	Скв - 8	61,0	2	Песок мелкий	11,97	1,79	36°36′	0,003	36°							1,50	0,07	0,27	2,55	26,79	48,56	20,27
13	Скв - 8	63,0	1	Песок	19,57	1,70	36°54′	0,005	33°						0,68	0,51	0,10	0,08	2,37	30,98	54,26	11,03
14	Скв - 8	80,0	1	Песчаник	4,76	2,48			34°	$\frac{3,78 - 12,76}{8,17}$	131	0,35	1,43			11,55	28,96	14,19	6,78	8,29	10,90	19,34
26	Скв - 6	26,0	1	Щебенистый грунт	7,47	2,09				$\frac{0,17 - 2,22}{1,12}$					4,68	20,83	23,03	13,66	7,33	10,64	10,86	8,96
27	Скв - 6	27,0	1	Песок мелкий	15,47	1,80	33°06′	0,005	28°							0,04	0,47	1,18	10,91	57,32	15,69	14,39
29	Скв - 6	50,0	1	Песок мелкий	13,50	1,89	35°64′	0,008	34°													
40	Скв - 3	80,0	1	Песчаник тонкозернистый песок пылеватый плотный) светло-желтого цвета	14,68	2,24	27°30′	0,001			134	0,38	0,29	0,006	3,46	31,34	17,81	7,18	3,41	4,49	20,00	12,31
40	Скв - 3	81,0	2		16,77	2,13	25°12′в	0,001в						0,008	4,03	28,84	22,11	8,83	3,66	5,37	13,13	14,04
40	Скв - 3	82,5	3		16,77	2,11								0,058		22,51	10,68	3,99	4,72	7,84	39,52	10,74
46	Скв - 2	60,0	1	Песок пылеватый плотный влажный	12,19	1,62	35° в	0,010 в			9,86	0,37	0,83	0,625			0,02	0,07	1,67	32,35	54,08	11,86
47	Скв - 2	70,0	1	Песчаник тонкозернистый	13,77	1,88	31°	0,008			8,15	0,38	0,91			1,66	1,94	2,19	1,99	10,96	62,08	19,23
47	Скв - 2	70,0	2	Песчаник тонкозернистый	12,47	1,91				$\frac{0,42 - 0,50}{0,45 в}$												
48	Скв - 2	83	1	Песчаник тонкозернистый, глинистый	23,78	1,98	24°18′в	0,007в			9,21	0,36	0,87			13,67	22,66	9,25	5,29	5,29	35,34	8,61

Примечание: 35⁰ в – испытания проб в водонасыщенном состоянии.

Nota: 350 c - ensaios de amostras em estado saturado de água.

Conclusões

1. A metodologia de seleção e preparação de amostras de rochas monolíticas para ensaios laboratoriais das propriedades físicas e mecânicas das rochas é fundamentada. As caraterísticas de resistência das rochas são determinadas na presença de perturbações tectónicas amplamente desenvolvidas, fracturação, estratificação das rochas, grau de heterogeneidade, presença de fissuras nos contactos, tendo em conta os factores de enfraquecimento.
2. É proposta uma metodologia de investigação das propriedades físicas e mecânicas das rochas. Os valores obtidos das propriedades de resistência da rocha σcj, σp, coesão e ângulo de atrito interno permitem justificar parâmetros estáveis da pedreira em condições de desenvolvimento da pedreira, tanto a altura da saliência e do lado, como o ângulo da sua inclinação.
3. Os limites de resistência à tração, as propriedades de deformação, a aderência e o ângulo de atrito interno, o módulo de elasticidade de Young e o coeficiente de Poisson das rochas são determinados com base em estudos laboratoriais, que abrem a possibilidade de fundamentar os parâmetros limitadores do ângulo de inclinação dos flancos e das saliências das pedreiras de Amantaytau Norte e Central.

CAPÍTULO 4

FUNDAMENTAÇÃO TEÓRICA DOS PARÂMETROS FÍSICOS E PARÂMETROS FÍSICOS E MECÂNICOS DO MACIÇO ROCHOSO ESTABELECIMENTO DOS PARÂMETROS LIMITADORES DO ÂNGULO DE INCLINAÇÃO DE RAMAIS E TECNOLOGIA DE DETONAÇÃO

§ 4.1 Determinação dos parâmetros físicos e mecânicos do maciço segundo os métodos métodos Hook e VNIMI

Para efetuar os cálculos de estabilidade, é necessário, em primeiro lugar, estabelecer parâmetros que caracterizem as propriedades físicas e mecânicas do maciço rochoso que compõe as paredes da pedreira. Neste trabalho, utilizam-se duas abordagens para os cálculos de estabilidade e, consequentemente, para a determinação das caraterísticas físicas e mecânicas do maciço rochoso.

A primeira abordagem consiste em aplicar o critério de resistência não linear de Hooke-Brown e o índice de resistência geológica (GSI). Utilizámos este critério de resistência para os cálculos de estabilidade utilizando o método dos elementos finitos.

A segunda abordagem consiste em utilizar o critério de resistência de Coulomb e em estabelecer os seus parâmetros para o maciço: coesão e ângulo de atrito interno do maciço. Utilizando o critério de resistência de Coulomb, os cálculos de estabilidade foram efectuados utilizando os métodos de equilíbrio limite VNIMI [82-83].

Em ambas as abordagens, os parâmetros que figuram nos critérios de resistência são determinados em função das caraterísticas da perturbação do maciço estudada no âmbito da exploração detalhada [60] e das fases anteriores deste trabalho [84-85].

Quando os parâmetros são estabelecidos pelo método de Hooke, o critério de resistência de Hooke-Brown tem a seguinte forma [86]:

$$\sigma_1 = \sigma_3 + \sigma_{cl}\left(m_b \frac{\sigma_3}{\sigma_{cl}} + s\right)^a \quad (4.1)$$

em que σ_α é a resistência à compressão não confinada, y, s e a são caraterísticas do maciço rochoso, que são encontradas de acordo com as seguintes relações

$$m_b = m_i \exp[(GSI - 100)/(28 - 14D)], \quad (4.2)$$

$$s = \exp[(GSI - 100)/(9 - 3D)], \quad (4.3)$$

$$a = \frac{1}{2} + \frac{1}{6}\left(e^{-GSI/15} - e^{-20/3}\right), \quad (4.4)$$

Nas três últimas dependências, *GSI* é o índice de resistência geológica propriamente dito; *mi* é o índice que caracteriza o aumento da resistência sob compressão lateral; *D* é o índice de perturbação do maciço por explosão.
Os valores destas caraterísticas adoptados para o depósito de Amantaitau são apresentados no Quadro 4.1.

Quadro 4.1 **Caraterísticas das rochas do depósito de Amantaytau**

	Leitos intermédios de arenito, xisto e siltito	Cataclasitas	Falhas
GSI	25	22	16
mi	14,3	14,3	14,3
D	0-1	0-1	0-1

O valor GSI foi considerado como a média das três determinações efectuadas no capítulo 2 do documento.
O valor de *mi é* tomado como uma média ponderada dos valores tabelados (19 para arenitos, 9 para siltitos, 6 para xistos) recomendados por Hook [87] para as rochas intercaladas do campo. Assume-se que os pesos se correlacionam com os comprimentos totais dos intervalos para os poços na base de dados. O comprimento total dos intervalos de arenito nos furos é de 48376,2 m, siltito - 27180,8 m, xisto - 9805,5 m.
O índice de perturbação do maciço do instrumento por operações de detonação é considerado como D = 0 na profundidade do maciço e D = 1 na superfície da face da pedreira. A largura da zona perturbada pela granalhagem com D = 1 é considerada igual a T = 1,5 ̇H = 23 m, em que H é a altura da saliência de trabalho, de acordo com as recomendações de Hook [88].
A resistência à compressão livre é assumida como sendo igual à resistência à compressão uniaxial devido à falta de resultados de ensaios de compressão triaxial. A resistência média à compressão uniaxial das rochas do complexo Paleozoico é de 50,5 MPa [85].
Os parâmetros da rocha que não são relevantes para o critério de resistência de Hooke-Brown são discutidos de seguida.

De acordo com a metodologia VNIMI, os cálculos de estabilidade são efectuados utilizando o critério da força de Coulomb, o que requer a determinação de parâmetros:

- coesão das rochas do maciço (C);
- ângulo de atrito interno da matriz (φ);
- peso volumétrico das rochas (γ).

Os valores obtidos para a amostra são tomados como o ângulo de atrito interno e o peso volumétrico das rochas do maciço.

A coesão no maciço rochoso e semi-rochoso é determinada utilizando a dependência empírica conhecida do VNIMI [82]:

$$C_M = \frac{C_0 - C'}{1 + a'\ln\left(\frac{H}{l_T}\right)} + C' \qquad (4.5)$$

Nesta dependência, H é a altura mais elevada da face projectada da pedreira, no nosso caso igual a 410 m.

Onde: a' - coeficiente tabular dependente da resistência das rochas de uma peça e da natureza da sua fracturação. Nas condições em consideração, de acordo com [83, 89], tendo em conta as propriedades mecânicas das rochas e a caraterística da sua fracturação, este coeficiente é assumido como a' = 3 para rochas rochosas; lt - tamanho do bloco estrutural (distância entre fissuras). De acordo com os estudos efectuados [85], a distância média entre fissuras nas rochas paleozóicas do depósito é de 6,48 cm; co - coesão numa peça. O valor médio da coesão numa peça para intercalares de arenito, xisto e siltito é de 622 t/m^2 [85]; C - coesão ao longo da fratura, considerada para as rochas rochosas como 1,2 t/m^2.

A Tabela 4.2 apresenta as caraterísticas calculadas das rochas do maciço encontradas através desta dependência.

Quadro 4.2 Valores calculados das propriedades físicas e mecânicas do maciço

Raças	Embraiagem, t/m^2	Ângulo de atrito interno,	Peso volúmico, t/m^3
Leitos intermédios de arenito, xisto e siltito	23,8	21,5	2,52
Rochas de falha	6,0	21,5	2,52
Cataclasitas	6,0	21,5	2,52
Argila dealluvial	3,77	19,2	2,04
Argila aluvial	6,42	21,6	2,02

Areia	0,25	33,0	1,80
Mergel	47,9	27,0	1,95

Não foram efectuados ensaios e levantamentos separados de rochas de falha e cataclasitos, pelo que a coesão nestas rochas é retirada dos dados de depósitos análogos [61], e o ângulo de atrito interno e o peso volúmico são retirados dos dados de ensaios de rochas [85].

As propriedades das rochas dos sedimentos soltos são retiradas de dados de ensaios laboratoriais [85]. Um fator de escala (semelhante ao coeficiente de enfraquecimento estrutural da rocha) λ = 0,5 é introduzido na coesão da rocha.

Os parâmetros de rocha friável especificados no Quadro 2.2 foram também utilizados na modelação numérica utilizando o método dos elementos finitos.

Os componentes da resistência à fendilhação nos cálculos, com base nos resultados dos ensaios de laboratório, são os seguintes: coesão C' = 1,2 t/m^2, ângulo de atrito interno φ = 19,60.

Para comparar as curvas de resistência obtidas para as rochas do complexo paleozoico do depósito, foram traçados os seus gráficos (Fig.4.1). As tensões normais são representadas no eixo horizontal e as tensões tangenciais são representadas no eixo vertical.

A comparação dos gráficos da Fig. 4.1 mostra que, em geral, a envolvente da resistência de Coulomb, construída parcialmente a partir das caraterísticas obtidas pelo método VNIMI, se situa dentro da gama de valores possíveis da resistência de Hooke-Brown. A envolvente linear coincide ao máximo com a curva de resistência de Hooke-Brown para valores baixos de tensões normais e tangenciais e para o fator de perturbação da explosão D=1. Por um lado, isto significa que a margem de estabilidade do talude calculada por dois métodos diferentes dará resultados próximos um do outro. Por outro lado, a estabilidade da face da pedreira não deve ser muito diferente em ambos os casos, porque o valor de *D* diminui na direção da profundidade do maciço, onde as tensões serão mais elevadas.

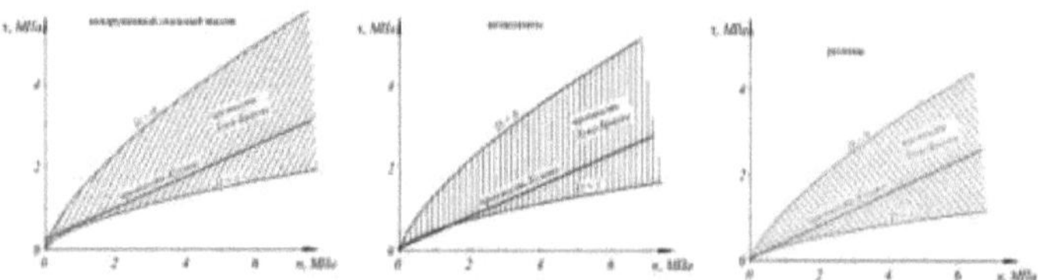

Fig. 4.1. Comparação das curvas de resistência de Coulomb e Hooke das rochas dos depósitos Amantaytau Norte e Central

A comparação indireta também confirma que a seleção das propriedades de resistência das rochas do maciço está correta.

§ 4.2 Estimativa da estabilidade dos taludes da pedreira no projeto método dos elementos finitos e método do equilíbrio limite equilíbrio

Na prática internacional, recomenda-se que os cálculos de equilíbrio limite sejam verificados por modelação numérica [89]. A necessidade de modelação numérica deve-se à impossibilidade de ter em conta o complexo estado de tensão sob o pressuposto de rigidez absoluta da rocha utilizando métodos de equilíbrio limite.

Os cálculos de estabilidade foram efectuados utilizando o método dos elementos finitos. O ambiente de software Midas GTS NX foi utilizado para a modelação. O Apêndice 4 contém um certificado de conformidade deste programa com os requisitos regulamentares.

A solução é efectuada numa formulação bidimensional. O modelo de comportamento das rochas é elástico-plástico com tensão de cedência correspondente às curvas de resistência de Hooke-Brown para as rochas do complexo paleozoico e às curvas de resistência de Coulomb para as rochas dos estratos friáveis superiores.

O cálculo do fator de estabilidade da face da pedreira no contorno de projeto é efectuado através do método de redução da resistência (SRM). Este método consiste na redução passo a passo das caraterísticas de resistência dos materiais no modelo e, como alguns elementos já não são fornecidos com a condição de resistência de Coulomb, são excluídos do cálculo. O coeficiente pelo qual as caraterísticas são reduzidas, a partir do qual o cálculo deixa de convergir (ou seja, o modelo falha), é considerado como a margem de estabilidade.

As dimensões do modelo foram escolhidas para assegurar que o estado de tensão em torno da escavação não é influenciado pelas condições de fronteira.

Os cálculos têm em conta o efeito do campo de tensões naturais estudado neste trabalho, que é dado na forma seguinte:

$$\sigma_{гор.мерид.} = 3МПа + 1,14\gamma H, \qquad (4.6)$$

$$\sigma'_{гор.мерид.} = 2МПа + \gamma H. \qquad (4.7)$$

No modelo, esta dependência é aproximada quando dada através dos coeficientes de pressão lateral $K0$ e dada sob a forma de dependências reduzidas quando se utiliza a função de força de equilíbrio inicial (EEF).

A Fig. 4.2 mostra, como exemplo, o aspeto de uma secção do Midas GTS NX ajustada no pré-processador (isto é, antes do início dos cálculos). Da mesma forma, 12 transectos de linha de perfil, mostrados na Fig. 4.3, foram ajustados. 4.3.

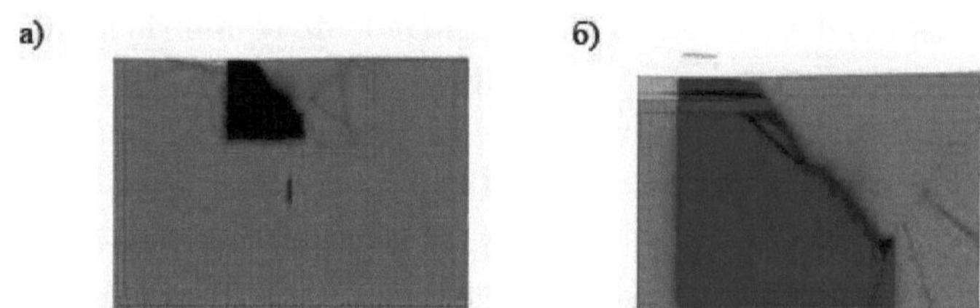

Fig. 4.2. Modelo preparado para o início dos cálculos: a) vista geral do modelo; b) pormenor da face da pedreira calculada

Nos limites do modelo, os deslocamentos são limitados: *eixo x*, eixo y ao longo do limite horizontal inferior, eixo x ao longo dos limites verticais laterais.

A parte central do modelo, que se distingue visualmente na Fig. 4.2, está dividida numa grelha mais pequena. O comportamento elástico-plástico das rochas nesta parte do modelo é escolhido, enquanto no resto do modelo as rochas são elásticas.

O módulo de elasticidade e o coeficiente de Poisson assumidos no modelo são apresentados no Quadro 4.3. O módulo de elasticidade das rochas soltas e semi-friáveis é assumido como sendo igual ao mesmo valor na peça. Para as rochas rochosas, foi efectuado um recálculo para o maciço de acordo com a relação empírica proposta por Hook e Diedrichs [86]:

$$E_{rm} = E_i\left\{0{,}02 + \frac{1 - D/2}{1 + \exp[(60 + 15D - GSI)/11]}\right\} \qquad (4.8)$$

em que E_i é o módulo de elasticidade da rocha na peça.

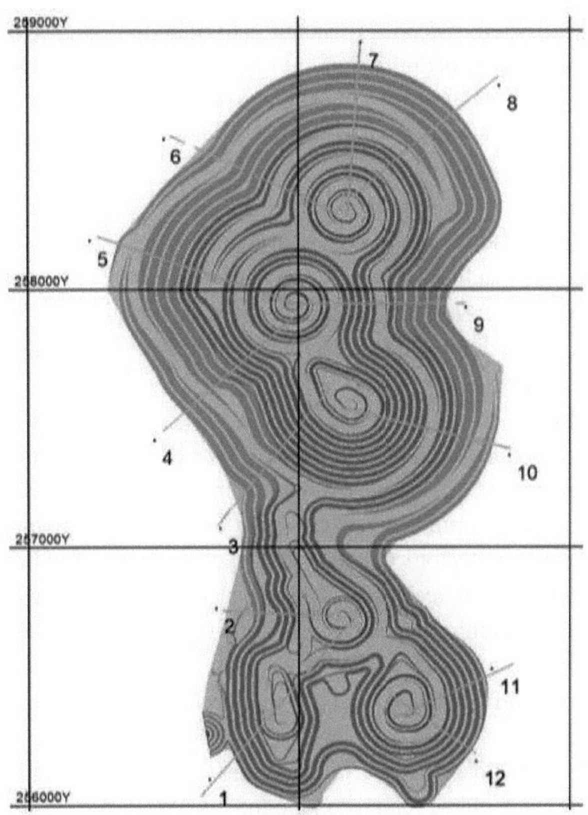

Fig. 4.3. Planta da pedreira com a localização dos cortes de projeto secções

Tabela 4.3.

Caraterísticas mecânicas do modelo

Raças	Módulo de elasticidade, MPa	Rácio de Poisson
Leitos intermédios de arenito, xisto e siltito	997,8 (421,0)	0,31
Rochas de falha	633,3 (372,3)	0,31
Cataclasitas	844,1 (400,2)	0,31
Argila dealluvial	2,7	0,47
Argila aluvial	2,7	0,41
Areia	9,1	0,37
Mergel	74,3	0,34

Utilizando os parâmetros acima descritos, foi efectuada a modelação do estado de tensão-deformação do maciço pelo método dos elementos finitos, ao colocar as faces da pedreira no contorno de projeto. Ao longo do declive da face, é selecionada uma zona com caraterísticas reduzidas com o índice de perturbação D=1. O resto do modelo é definido com um índice de perturbação nulo.

A modelação foi efectuada para 12 secções, com cálculo da margem de estabilidade utilizando o método de redução da resistência.

O cálculo foi efectuado por fases. A primeira fase envolveu a modelação do estado de tensão-deformação do maciço antes da extração, e a segunda fase envolveu o cálculo durante a escavação de rocha no contorno de projeto com redução da resistência.

A modelação mostrou que nenhuma das secções tem uma margem de estabilidade superior à unidade. As caraterísticas do software Midas GTS NX limitam a possibilidade de calcular a margem de estabilidade com os coeficientes de reserva inferiores à unidade quando se especificam as tensões horizontais laterais (tectónicas); por conseguinte, para visualizar o estado tensão-deformação, foi realizada uma modelação adicional de cada secção com as tensões tectónicas especificadas através dos coeficientes de pressão lateral κ_0.

Os resultados gráficos da modelação numérica realizada para todos os transectos podem ser encontrados no Apêndice 5.

O cálculo da estabilidade de acordo com o método VNIMI para as condições do depósito Amantaytau é realizado pelo método da adição vetorial de forças. Este método baseia-se na teoria do equilíbrio limite do maciço e satisfaz as condições de igualdade da soma dos momentos e da soma dos vectores de força na vertical e na horizontal. Além disso, este método permite aceitar fronteiras não verticais de blocos e, assim, ter em conta as superfícies secundárias de maior tensão e as superfícies de enfraquecimento que caem profundamente no maciço.

Os cálculos foram efectuados de acordo com os esquemas especiais recomendados pelas "Regras para garantir a estabilidade...", tendo em conta as peculiaridades estruturais e geológicas das faces da pedreira. Para as faces da pedreira localizadas no lado suspenso do depósito, a interação entre os blocos foi calculada tendo em conta a possível localização de fracturas de xisto alargadas entre os blocos. A reserva de estabilidade das faces da pedreira localizadas no lado deitado do depósito é calculada tendo em conta a possível localização de uma fenda ao longo da superfície potencial de deslizamento.

Todos os cálculos foram efectuados por análise gráfica. O Apêndice 6 contém secções de cálculo com diagramas vectoriais das forças actuantes, esquemas de divisão em blocos do corpo em colapso, tabelas com módulos de vectores de blocos e outras explicações do cálculo.

Os diagramas vectoriais foram construídos com dois factores de margem de estabilidade diferentes, que são análogos ao fator de redução da resistência na modelação do MEF, uma vez que são introduzidos nas caraterísticas de resistência. Em seguida, calcula-se a não convexidade do diagrama vetorial (défice ou excesso de forças de restrição). Depois disso, o fator de margem de estabilidade é determinado graficamente por interpolação linear, na qual a folga zero será alcançada.

Os gráficos (Fig.4.4) mostram os coeficientes de reserva de estabilidade obtidos para os lados do carro no contorno de projeto para 12 transectos.

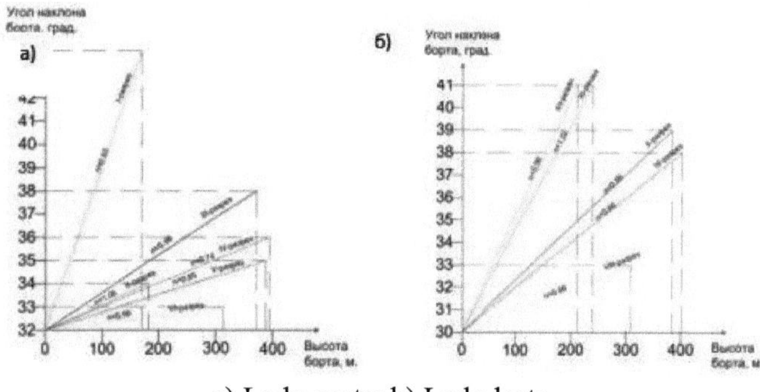

a) Lado oeste; b) Lado leste.

Fig.4.4 Gráfico dos coeficientes de reserva de estabilidade calculados da face da pedreira Amantaytau no contorno de projeto para 12 secções.

Os resultados dos cálculos mostram que a margem de estabilidade dos lados não é suficiente. Ou seja, a atual configuração do projeto da pedreira deve ser significativamente revista. Os resultados dos cálculos coincidem geralmente com os resultados da modelação por elementos finitos.

§ 4.3 Determinação dos parâmetros de saliências estáveis

Foram identificadas as secções estruturais primárias do depósito de Amantaytau. Uma secção estrutural é uma área limitada do maciço que possui uma estrutura estrutural distinta das secções vizinhas.

Antes do zonamento das faces da pedreira pelos ângulos de inclinação recomendados, é necessário consolidar as zonas estruturais primárias e atribuir os sectores de projeto das zonas das faces da pedreira, distinguidos pela orientação mútua dos sistemas de faces e de fracturação.

A seleção dos sectores de projeto pode ser feita com base nas regras da análise cinemática. Os ângulos de inclinação estáveis dos taludes da escarpa são então determinados utilizando uma abordagem probabilística, uma análise cinemática ou cálculos simplificados de equilíbrio limite.

Neste trabalho, o cálculo das saliências estáveis é efectuado com recurso a métodos de análise cinemática e de equilíbrio limite, uma vez que a utilização de cálculos probabilísticos não é possível devido à falta de dados estatísticos sobre as sondagens de fracturação na face da pedreira.

Deve acrescentar-se que o cálculo das saliências estáveis é efectuado para as condições de aplicação de uma tecnologia especial de operações de perfuração e detonação nas zonas de contorno. Ou seja, sem a introdução e o desenvolvimento de uma tecnologia especial, não é possível atingir os parâmetros indicados para as saliências e os lados da pedreira. De acordo com as nossas estimativas, sem a aplicação de uma tecnologia especial de detonação, as saliências serão achatadas para 40-450 na altura de 30 m de saliência. Esta situação implicará a redução e a rutura das bermas de segurança e a subsequente elevada frequência de escombros, quedas de rochas e desmoronamentos localizados, perigosos para o pessoal e o equipamento que trabalham na pedreira.

O Apêndice 7 mostra o plano da pedreira com sectores de desenho com parâmetros recomendados (estáveis) assinados das saliências da pedreira nos estratos rochosos. Os sectores são coloridos de acordo com o cenário mais provável de perda de estabilidade das saliências. A legenda das cores é também apresentada no Apêndice 7.

O ângulo máximo estável da saliência, na ausência ou na localização favorável de superfícies de enfraquecimento, foi calculado pelo método do equilíbrio limite com a adoção do critério de Hooke-Brown para o coeficiente de perturbação por explosão D=0,7 e foi de 650. =O coeficiente de reserva de estabilidade suficiente no cálculo pelo método dado é aceite igual a $p_{(n)}$ 1,3. O cálculo de verificação com caraterísticas de Coulomb mostrou estabilidade com um fator de segurança igual a n=2,1. Esta diferença explica-se pela grande diferença nas tensões tangenciais máximas admissíveis nas curvas com tensões normais baixas e, consequentemente, com inclinações baixas.

As falhas em forma de cunha também foram analisadas utilizando o método de equilíbrio limite no software Geomix. Figura 4.5

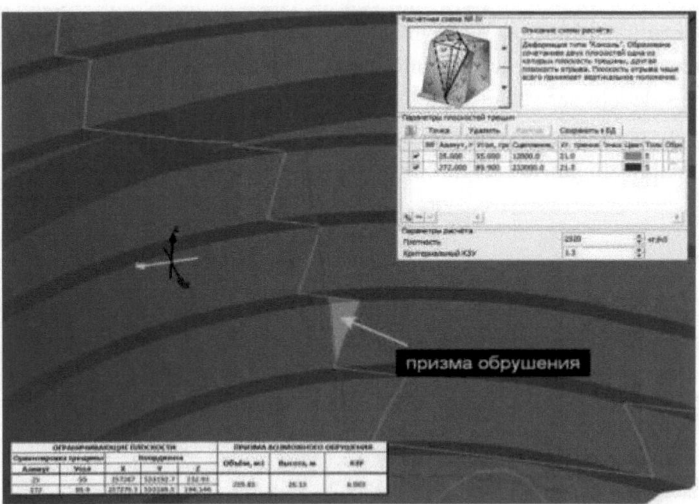

Fig.4.3 Exemplo de cálculo da estabilidade de perturbações em forma de cunha

Uma vez que a perturbação em pequena escala das rochas do depósito é representada apenas por xisto, ou seja, de facto, por um único sistema de fracturação, os colapsos em cunha na mina a céu aberto ocorrerão com desprendimento num dos lados. Com base nos resultados da análise, conclui-se que não é necessário atribuir sectores de projeto para desmoronamentos em forma de cunha. Os ângulos de mergulho da formação de xisto no depósito são essencialmente tais que o volume de possíveis colapsos será pequeno. Se o ângulo de inclinação mudar suavemente, as bermas serão preservadas nos limites entre os sectores onde são possíveis desmoronamentos em forma de cunha.

Para os taludes perigosos por colapso plano, o deslizamento é assumido por estratificação quando o ângulo de atrito da fenda é excedido. Os parâmetros aceites são verificados por cálculos de equilíbrio limite de acordo com os esquemas especiais 2a e 2b do grupo II de esquemas de cálculo típicos das "Regras para garantir a estabilidade...". Se os cálculos de verificação revelarem uma reserva insuficiente, o ângulo de inclinação é considerado ligeiramente inferior.

Para os taludes perturbados por fissuras de queda inversa, localizados principalmente no lado leste da pedreira, foi utilizada uma correção ao ângulo de inclinação estável calculado de acordo com o método VNIMI [83]. As saliências são consideradas perigosas quando o ângulo de inclinação da fratura é superior a 600.

Quanto aos estratos soltos, os parâmetros das saliências a construir em estratos soltos podem ser calculados pelo método do equilíbrio limite com a seleção de um ângulo que garanta a estabilidade. Os ângulos das saliências em areia devem ser selecionados de preferência de acordo com o ângulo de atrito interno. Os parâmetros recomendados para as saliências nas rochas são apresentados no gráfico (Fig. 4.6).

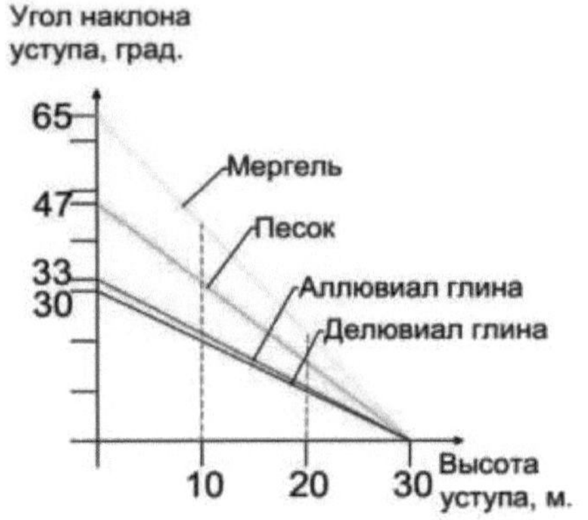

Fig.4.6: Gráfico da dependência da estabilidade da altura da saliência com o ângulo de inclinação da saliência

A zonagem da pedreira no contorno do projeto com indicação dos parâmetros das saliências compostas por rochas soltas é dada na planta da pedreira no contorno do projeto no Apêndice 7.

§ 4.4 Determinar os ângulos gerais dos lados de uma fossa estável

Com base nos dados obtidos sobre as propriedades físicas e mecânicas do maciço rochoso e as condições estruturais e geológicas, foram efectuados cálculos de estabilidade para a seleção dos ângulos gerais dos taludes das pedreiras. Com base nos cálculos, foram determinados os ângulos de inclinação dos taludes, proporcionando uma margem de estabilidade normativa do talude n=1,3. Os cálculos foram efectuados nas secções construídas nas linhas de perfil apresentadas na Fig. 4.3. 4.3. As zonas com caraterísticas semelhantes em torno das linhas de perfil são limitadas pela semelhança das condições mineiras e geológicas, tais como a altura do talude, o ângulo de inclinação do talude, a composição das rochas que compõem o talude.

Os resultados dos cálculos sob a forma de zonamento dos lados da pedreira por indicadores de estabilidade são apresentados no Apêndice 8.

A possível influência de perturbações tectónicas na estabilidade das paredes da fossa foi também analisada na elaboração das recomendações. Em geral, com base no modelo geológico e estrutural disponível, não foram identificadas estruturas instáveis pronunciadas, mas deve ser dada atenção a duas áreas que podem ser instáveis. Trata-se das áreas no lado sudoeste da escavação sudeste e no lado leste da escavação mais profunda a norte da mina a céu aberto. Estas áreas perigosas devem ser salvaguardadas na nova conceção da cava, sempre que possível, e deve ser efectuada uma investigação e avaliação mais aprofundadas da estabilidade destas áreas à medida que são expostas pela escavação da cava.

Conclusões

1. Os cálculos com a aplicação do critério de resistência não linear de Hooke-Brown e do índice de resistência geológica (GSI) pelo método dos elementos finitos, bem como com a aplicação do critério de resistência de Coulomb pelos métodos de equilíbrio limite, as curvas de resistência obtidas por diferentes métodos mostraram a sua semelhança.
2. A estabilidade dos lados da pedreira no contorno de projeto foi avaliada de duas formas. Modelação pelo método dos elementos finitos e cálculos pelo método do equilíbrio limite (método da adição vetorial de forças). Os resultados da avaliação da estabilidade indicaram uma estabilidade insuficiente dos lados da pedreira no contorno de projeto. Os coeficientes de reserva de estabilidade obtidos situam-se no intervalo de 0,66-1,06.
3. Foram determinados os ângulos gerais de inclinação dos lados do poço, o que garantirá a sua estabilidade a longo prazo.

CAPÍTULO 5

DESENVOLVIMENTO DA TECNOLOGIA DE GRANALHAGEM DE FITAS DE CONTORNO PRÓXIMO NA ZONA DE CONTORNO DA PAREDE LATERAL DA PEDREIRA E DA CONCEPÇÃO DO TALUDE NA LOCALIZAÇÃO FINAL LOCALIZAÇÃO

§ 5.1. Desenvolvimento da metodologia de cálculo da detonação pelo método das correias de contorno próximo

Realização de estudos das propriedades físicas e mecânicas e das deformações no contorno da face da pedreira na zonagem do campo da pedreira sobre a estabilidade dos taludes na aproximação ao contorno limite, é necessário alterar a tecnologia das operações de perfuração e de detonação.
Apesar da escala cada vez maior das explosões e do seu impacto na estabilidade dos taludes, a maioria das minas a céu aberto ainda não desenvolveu, e portanto não aplicou, medidas eficazes para reduzir o efeito sísmico quando se aproxima do contorno limite.
Um dos critérios para determinar a quantidade de explosivos detonados em simultâneo é o valor da medida de risco sísmico, a partir do qual as deformações residuais das rochas que compõem as saliências e os flancos da pedreira são praticamente excluídas.
No trabalho de V.N. Popov e B.N. Baikov [90] é estabelecido que o deslocamento vertical (mm) pode ser determinado pelas fórmulas:
para rochas caulinizadas macias

$$\Delta h = 55/L - 1{,}25 \qquad (5.1)$$

rochoso

$$\Delta h = 106{,}6/L - 1{,}33 \qquad (5.2)$$

em que L é a distância ao furo de explosão, m.
Para deslocamentos horizontais (mm) é determinado pelas seguintes equações:
para rochas caulinizadas macias

$$\Delta l = 88/L - 2 \qquad (5.3)$$

rochoso

$$\Delta l = 1187{,}5/L - 2{,}5 \qquad (5.4)$$

Uma vez que o erro limite de medição das deformações verticais Δh e horizontais Δ l com a técnica de medição adoptada é de 3 mm, o valor máximo admissível da medida do risco sísmico para todos os casos será determinado a partir da equação

$$\Delta l, \Delta h = \exp(a \cdot \rho - b) \qquad (5.6)$$

em que *a, b* - coeficientes que têm em conta o tipo de deformação e a localização do ponto de medição relativamente à explosão Quadro 5.1; ρ - medida do risco sísmico, $kg^{1/3}/m$.

Tabela 5.1.

Valores dos coeficientes *a* e *b*

Localização do ponto	Tipo de deformação			
	Deslocações horizontais		Deslocações verticais	
	a	*b*	*a*	*b*
No horizonte do parapeito rebentado	9,5-13,5	1,8-9,7	9,5-12	1,8-8,7
Um horizonte acima da saliência a ser dinamitada	12,9	9,8	5,9	7,3
Dois horizontes acima da saliência dinamitada	22	13,1	13,9	9,5

Depois de substituir *Δh* e *Δl* iguais a 0,003 m nas equações (5.6). Tendo em conta os valores obtidos de ρ, a distância de segurança para as arestas de contorno desde o local da explosão até ao objeto protegido deve ser determinada pela fórmula

$$r_o = K_c \sqrt[3]{Q} \qquad (5.7)$$

em que *Q é a* massa dos explosivos que explodem simultaneamente, kg; Kc é um valor inversamente proporcional ao risco sísmico, ou seja, *Ks*.

$$K_c = \frac{1}{\rho} \qquad (5.8)$$

Os valores numéricos deste coeficiente dependem do critério do tipo de deslocamento, da localização do objeto protegido, do tipo de rochas e da natureza da fracturação (Tabela 5.2).

Tabela 5.2 Valores de Kc para diferentes condições

Localização do objeto protegido	Tamanho médio da nervura do bloco elementar, m	Ks	ρ
No horizonte do parapeito rebentado	Até 0,1	8,7	0,115
	0,1-0,3	6,2	0,161
	0,3-0,6	3,76	0,266
	0,6-2	3,02	0,331
	2	2,8	0,357
No horizonte, por cima do parapeito rebentado	Até 0,1	8,22	0,122
	0,1-0,3	5,87	0,170
	0,3-0,6	3,56	0,281

	0,6-2	2,85	0,351
	2	2,65	0,377
Dois horizontes acima da saliência a explodir	Até 0,1	7,89	0,127
	0,1-0,3	5,61	0,178
	0,3-0,6	3,42	0,292
	0,6-2	2,74	0,365
	2	2,54	0,394

Devido ao facto de as rochas no horizonte da saliência dinamitada estarem sujeitas a uma maior deformação, *o* cálculo da quantidade de explosivos detonados simultaneamente deve ser efectuado tendo em conta o coeficiente K_c correspondente a estas condições. A proximidade dos valores do coeficiente para as deslocações verticais e horizontais permite utilizar valores médios com um erro de 7-9%.

Em seguida, a quantidade de explosivo detonado simultaneamente na aproximação da detonação ao contorno limite

$$Q = \left(\frac{r_o}{K_c}\right)^3 \qquad (5.9)$$

em que K_c *é o* valor médio do coeficiente.

De acordo com os resultados do estudo do efeito das explosões maciças na deformação das saliências de contorno, o método de Y.I. Turintsev determina o valor do enfraquecimento do maciço em função do número de explosivos detonados simultaneamente *Q* e da distância ao local da explosão L_B:

$$\tau = 0{,}45 \cdot 10^3 Q / L_B^2 \qquad (5.10)$$

Uma vez que no contorno limite τ = 1, para estas condições a dependência (5.10) assumirá a forma

$$Q = L_B^2 / 4{,}5 \qquad (5.11)$$

em que L_B é medido em dezenas de metros.

Assim, os dados do Quadro 5.4 permitem determinar a quantidade de explosivos detonados simultaneamente em função da estrutura do maciço e do esquema de construção de saliências não trabalhadas no contorno limite da face da pedreira.

Partindo da previsão da zona mínima de deformação intensa, é possível determinar, de acordo com as regularidades reveladas e os dados do Quadro 4.8, o consumo específico ótimo e a quantidade de explosivos por 1 m de frente de trabalho com base nas dependências

$$L = Z(q_\phi - q_o)^\lambda \rightarrow \min \qquad (5.12)$$

$$L = \beta(q_м - q_{м.o})^\varepsilon \rightarrow \min \qquad (5.13)$$

em que, L - comprimento da zona de deformação intensiva na direção transversal à extensão da escarpa, m; qf, $q^{(}{}_{o)}$ - respetivamente gasto específico efetivo e ótimo de explosivos, kg/m^3; q_m, $q_{m\cdot o}$ - respetivamente quantidade efectiva e óptima de explosivos, caindo a 1 m da frente de trabalho, kg/m; Z,, β, ε - coeficientes, tendo em conta as propriedades das rochas e a tectónica de fratura do maciço (Quadro 5.3).

Tabela 5.3.

Valores dos coeficientes incluídos nas equações (5.12) e (5.13)

Carreiras	Resistência da rocha	q_o	$q_{m.o}$	Z	λ	β	ε
Pedreiras Central e	9-17	0,4	108	30,29	0,625	3,269	0,292
Campos do Norte	8-14	0,37	58	10	0,333	2,78	0,213
Amantaytau	1-6	0,3	25	16	1	0,15	1

De acordo com o consumo ótimo de explosivos estabelecido, que permite excluir a deformação legítima do maciço, é possível determinar a largura da zona de contorno R, que é a distância entre o bordo superior da saliência trabalhada e os pontos em direção ao lado estacionário, onde o deslocamento não excede 3 mm.

Em termos gerais, a quantidade de explosivos detonados simultaneamente

$$Q = l_з \cdot h \cdot L_з \cdot q_o \qquad (5.14)$$

em que $l_{(}l_{)}$- largura da faixa, m; h - altura do parapeito, m; L_n - comprimento da faixa, m; q_o - consumo específico ótimo de explosivos, kg/m$^{(3)}$.

Substituindo a expressão (5.14) na equação (5.6), temos

$$R = K_c \sqrt[3]{l_з \cdot h \cdot L_з \cdot q_o} \qquad (5.15)$$

Ao mesmo tempo, a quantidade de explosivos consumidos por 1 m de frente de trabalho pode ser representada analiticamente como

$$q_м = l_з \cdot h \cdot q \qquad (5.16)$$

em que q é o consumo específico de explosivos.

Assim, tendo em conta os parâmetros óptimos estabelecidos qo e q^, é possível determinar a largura máxima do cinto de contorno, proporcionando uma destrutibilidade mínima do maciço de contorno, de acordo com a fórmula

$$l_a = q_{M.o}/(h \cdot q_o) \qquad (5.17)$$

Largura da faixa desenvolvida em função da linha de resistência inferior w, do número de linhas de poços *n* e da distância entre linhas de poços B

$$l_a = w + (n-1)B \qquad (5.18)$$

Nesta base, a largura da zona de contorno é determinada pela fórmula transformada (5.15):

$$R = K_c \sqrt[3]{[w+(n-1)B] \cdot h \cdot L_a \cdot q_o} \qquad (5.19)$$

Tendo em conta os dados da Tabela 5.5 das caraterísticas físicas e mecânicas das rochas e as dependências (5.12) e (5.13), é fácil obter uma equação da forma

$$R = A\sqrt[3]{L_a} \qquad (5.20)$$

onde *A* - coeficiente empírico, para as condições da pedreira Central de 11,5, Norte até 18.

A expressão (5.20) permite, a uma dada distância do local da detonação até ao contorno limite da face do poço, determinar as dimensões do bloco detonado ao longo da frente de trabalhos (Fig. 5.1).

A partir da equação (5.18) é possível determinar o número de filas de poços no bloco dinamitado a diferentes alturas do talude:

$$n = \frac{q - w \cdot h \cdot q_o}{h \cdot q_o \cdot B} + 1 \qquad (5.21)$$

A massa de cargas nos furos é determinada tendo em conta a fracturação das rochas de acordo com as fórmulas (5.22), (5.23) e (5.24).

$$Q = \frac{\pi \cdot \Delta \cdot \rho \cdot c^2 \cdot d \cdot a}{4P}\left[H \cdot \sigma_p + (3\sin\alpha + H\cos\alpha) \cdot (\sigma_c \sin\alpha + H \cdot \gamma \cdot \mu)\right] \qquad (5.22)$$

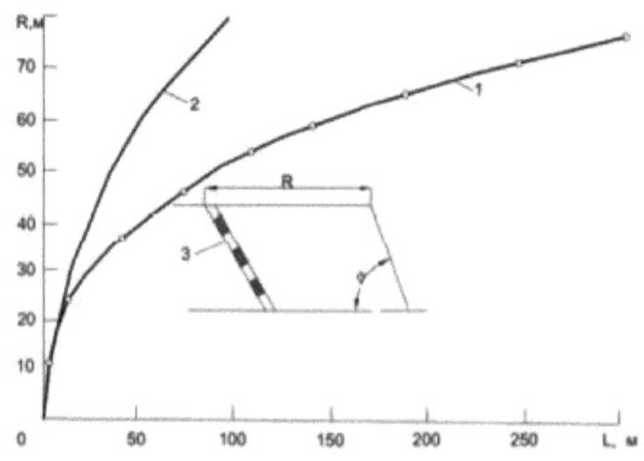

1 - fossa central; 2 - fossa norte; 3 - contorno do projeto; *a* - *ângulo* de inclinação da saliência.

ângulo de inclinação da saliência.

Fig. 5.1. Gráfico da variação da largura da zona de contorno *R* em função do comprimento da saliência dinamitada ao longo da frente L em função do comprimento da berma dinamitada ao longo da frente *L*

Um maciço fracturado deve ser considerado como uma soma de blocos monolíticos elementares formados por diferentes sistemas de fracturação. Ao explodir rochas fracturadas, a quantidade de explosivos no furo dependerá do grau de fracturação. Assim, a fórmula (*5.22*) para um maciço fracturado terá a forma

$$Q_{тр} = Q / K_{тр} \qquad (5.23)$$

em que, K_{tr} - coeficiente de fratura da rocha

$$K_{тр} = 1 + l / l_{б} \qquad (5.24)$$

A distância entre poços numa fileira que garante a destruição mínima do maciço rochoso da saliência não trabalhada,

$$a = Q_T / (w \cdot h \cdot q_o) \qquad (5.25)$$

em que Q_T *é a* massa da carga no furo, tendo em conta a fracturação natural das rochas.

Tendo em conta os valores de *w* e q_0, obtém-se

$$a = Q_T / K_и \qquad (5.26)$$

onde K_i - coeficiente, para diferentes condições de pedreiras igual a 54 a 58.

A carga específica máxima num grupo de cargas é determinada pela equação transformada:

$$\beta = Q / L = V^2 r^2 / (K_1^2 e^{-0,06r}) \qquad (5.27)$$

Tendo em conta que a velocidade de vibração admissível das rochas nas saliências é de 24 cm/s, para as condições da pedreira temos:

para rochas com $f = 9 \div 11$

$$\beta = 0,0050 r^2 / e^{-0,06r} \qquad (5.28)$$

para rochas com $f = 11 \div 13$

$$\beta = 0,0059 r^2 / e^{-0,06r} \qquad (5.29)$$

para rochas com $f = 13 \div 16$

$$\beta = 0,0073 r^2 / e^{-0,06r} \qquad (5.30)$$

Assim, tendo em conta as fórmulas (5.9), (5.29) e (5.30), através das quais se determinam as cargas específicas e o número de explosivos que explodem simultaneamente, a frente de trabalho máxima para diferentes condições é encontrada a partir da expressão

$$L_a = Q / \beta \qquad (5.31)$$

O número de linhas de poços na faixa de contorno pode ser ajustado por β.
Os parâmetros de perfuração e detonação foram determinados de acordo com a metodologia adaptada de B.R. Rakishev [91]. Dependendo da viscosidade e do grau de desenvolvimento da fratura, as rochas são divididas em três categorias de explosividade (Tabela 5.4).

Tabela 5.4.

Classificação das rochas por explosividade

Categoria de explosividade das rochas	Explosivo	Moderadamente explosivo	Difícil de explodir
Consumo específico BB, kg/m^3	0,36	0,4	0,44

A linha de resistência da sola (l.s.p.p.) é determinada pela fórmula

$$w = w_0 + 0{,}5H \qquad (5.32)$$

em que w_O é a componente do L.s.p.p., em função da categoria de explosividade das rochas e do tipo de explosivos; 0,5 é o coeficiente que tem em conta o aumento do L.s.p.p. em função da altura da saliência; *H* é a altura da saliência, m.
A distância entre os poços é determinada por

$$a = a_0 + 0{,}25H \qquad (5.33)$$

onde a_O - componente da distância entre poços, em função da categoria de explosividade da rocha e do tipo de explosivos; 0,25 - coeficiente que tem em conta o aumento da distância entre poços em função da altura da saliência.
O pereburo para todos os tipos de rocha é o mesmo e é o seguinte

$$K = p \cdot H \qquad (5.34)$$

onde *p* é um coeficiente que depende da categoria de explosividade das rochas. O comprimento do furo é determinado pela dependência

$$l_{зaб} = Z \cdot w \qquad (5.35)$$

em que *Z é o* coeficiente do furo inferior.
A estimativa do consumo específico de explosivos é efectuada com base na seguinte igualdade

$$C_p = q_1 - q_2 H \qquad (5.36)$$

em que q_1 - consumo específico de explosivos necessário para o esmagamento normal do maciço à altura da saliência H = 6 m e *a, w, K*, calculado pelas fórmulas (5.32) ^ (5.35); q_2 - coeficiente que tem em conta a redução do consumo específico de explosivos em função da altura da saliência *H* (Quadro 5.5).

A massa da carga do furo é determinada pela fórmula

$$Q = C_p a \cdot w \cdot H \qquad (5.37)$$

Tabela 5.5.

Valores dos coeficientes empíricos para diferentes rochas em termos de explosividade

Categoria de explosividade das rochas	Wo	ao	Z	q i	q2	u	p
Explosivo	5	7	0,7	0,31	0,00	1,15	0,10
Moderadamente explosivo	4	5	0,75	0,41	0,01	1,08	0,15
Difícil de explodir	3	5	0,8	0,68	0,02	1	0,2

A decapagem foi efectuada utilizando o método de decapagem de curta duração em várias filas (Quadro 5.6).

A necessidade de manter a estabilidade dos flancos durante muito tempo exige a aplicação de métodos eficazes de desenvolvimento das cinturas de contorno através do método de perfuração e detonação nos ângulos projectados, tendo em conta as peculiaridades mineiras e geológicas de cada jazida.

Tendo em conta a zonagem efectuada nos lados da pedreira de Amantaytau, é possível determinar as áreas que têm ângulos que não correspondem às propriedades físicas e mecânicas das rochas. Nessas zonas, recomenda-se a realização de BWR pelo método de detonação de curta duração em várias filas, com a utilização de furos de sondagem de contorno inclinado com a utilização de cargas de hryland trunnadas.

Quadro 5.6

Parâmetros BWR para jato de areia de uma fila e de várias filas e diâmetro do furo de 243 mm

diâmetro do furo igual a 243 mm

Categoria de explosividade das rochas	Altura do parapeito, m	Parâmetros do BVR		
		Distância, m		Furo, m
		entre linhas entre poços	Entre poços seguidos	
Explosivo	10	7,5	7,5	1,5
	14	8,5	8,5	2'

	18	9	9	2
	22	9,5	9,5	2
Moderadamente explosivo	10	6,5	6,5	1,5
	14	7	7	2,5
	18	8	8	3
	22	9	9	3
Difícil de explodir	10	5	5	2
	14	6	6	3
	18	6,5	6,5	3,5
	22	7,5	7,5	4

Os parâmetros das operações de perfuração e detonação no desenvolvimento da faixa de contorno por poços inclinados formadores de ranhuras de contorno são determinados de acordo com a metodologia, segundo a qual a linha de menor resistência é definida como:

$$w_p = 0{,}87\sqrt{p/(m \cdot K)} \qquad (5.38)$$

massa de carga única

$$Q = C_p w_p a H_y / \sin\alpha \qquad (5.39)$$

comprimento do furo inferior

$$l_{заб} = (20 \div 25) d_{зар} \qquad (5.40)$$

em que *p* - capacidade de explosivos em 1 m de poço, kg; C_p - consumo específico estimado de explosivos, kg/m^3, determinado pelo Quadro 5.5; *a* - distância entre poços numa fileira, m; N_u - altura da parte da escarpa em que os poços foram perfurados, determinada graficamente pela secção baseada na linha de menor resistência e no ângulo de inclinação do poço, m; α - ângulo de inclinação estimado da escarpa (ângulo em que os poços foram perfurados), grau; d_{3ap} - diâmetro da carga.

§ 5.2. Desenvolvimento de esquemas tecnológicos de operações de detonação por detonação de curta duração no contorno dos lados da pedreira.

Estudos conhecidos estabeleceram que a utilização de furos de sondagem inclinados permite fazer uma conceção qualitativa de saliências, colocadas numa posição limite, bem como nos casos em que, durante a extração de saliências, a largura da zona de proteção do contorno, por uma ou outra razão, impede a utilização de outros métodos de preenchimento. O método é recomendado para utilização em áreas com diferentes resistências e estruturas do maciço rochoso.

O desenvolvimento da última zona de proteção do contorno é recomendado através da perfuração e detonação de três filas de furos verticais e uma fila de furos inclinados no índice *n*> 1. Com o índice *n=0,9, recomenda-se* a perfuração e detonação de duas filas de poços verticais e uma fila de poços verticais encurtados e uma fila de poços inclinados. Com o índice *n=0,8, recomenda-se* a perfuração e detonação de duas filas de furos verticais e duas filas de furos inclinados. Para colocar a saliência na posição limite, são utilizados furos inclinados com um diâmetro de 243 mm, localizados no contorno de projeto, num ângulo de projeto a uma distância de 3-3,5 m um do outro. A fila auxiliar de furos inclinados está localizada a uma distância de 5 m da borda superior de projeto da saliência.

A ordem de desmonte adoptada garante a redução do efeito sísmico da explosão maciça no maciço. A grelha de furos de desmonte é de 6x6 m para as rochas duramente dinamitadas e de 7x7 para as rochas medianamente dinamitadas, conseguindo-se assim a ausência prática de esboroamento para além do contorno de projeto da saliência.

Os padrões de detonação e o tempo de desaceleração têm um impacto significativo nos resultados da escarificação. Nas condições da mina a céu aberto de Amantaytau, foram testados três esquemas de escarificação:

- com três filas de furos verticais e ao longo do contorno de projeto com furos desviados de uma fila para criar uma inclinação de escarpa definida;
- com duas filas de sondagens verticais, uma fila de sondagens verticais encurtadas e, ao longo do contorno do projeto, uma fila de sondagens inclinadas, utilizando sondagens auxiliares curtas e sondagens verticais para melhor esmagar a parte da rocha localizada entre as sondagens inclinadas e as sondagens verticais;
- com duas filas de poços verticais e duas filas de poços desviados, uma das quais foi perfurada ao longo da linha de contorno do projeto.

Quando se aplicam os esquemas de desmonte propostos, utiliza-se um desmonte de curta duração com um atraso entre linhas igual a 35-42 ms. No primeiro caso, no início, todos os furos verticais são detonados sequencialmente desde a superfície exposta até ao contorno de projeto e, em seguida, os furos de inclinação da Fig. 5.2, *a*; e no segundo caso, todos os poços verticais são dinamitados, depois um poço vertical encurtado seguido de poços de declive no contorno de projeto em sequência Fig. 5.2, *b*; no terceiro caso, duas filas de poços verticais e duas filas de poços inclinados são dinamitados em série Fig. 5.2, в. A qualidade da conceção do talude foi avaliada por observações instrumentais da deformação.

Os resultados da decapagem para a preparação da escarpa utilizando este método mostraram que a área do topo da escarpa foi traçada até 1 m de profundidade no maciço, o que pode ser facilmente eliminado pela preparação subsequente da parte superior da escarpa. A ausência de soleiras, a presença de vestígios de poços de contorno na superfície do talude, a composição granulométrica inalterada em comparação com a do primeiro esquema de escarificação permitem-nos falar da aceitabilidade da utilização deste método para a escarificação no contorno limitador.

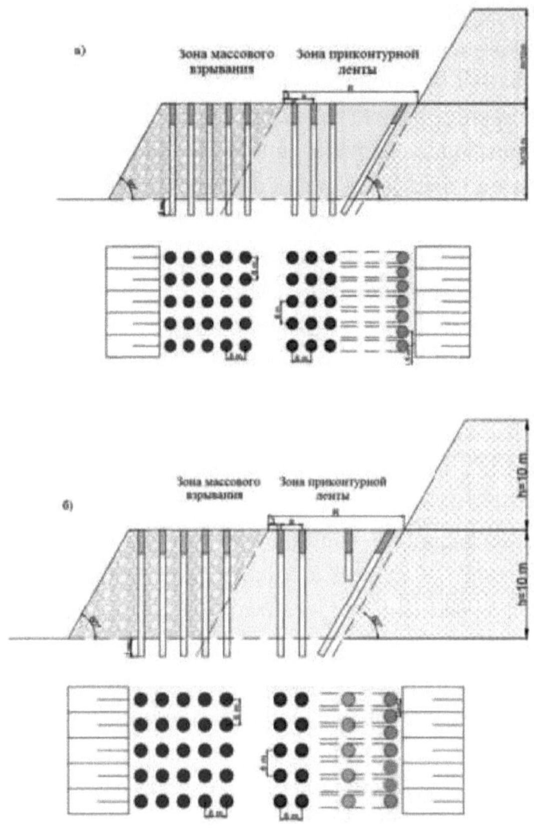

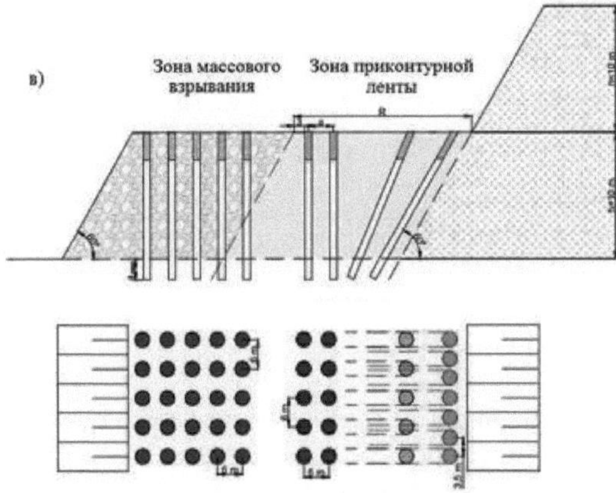

a - três filas de poços verticais com poços inclinados na curva de nível limite para o projeto do talude; *b* - duas filas de poços verticais e uma fila encurtada de poços verticais e uma fila de poços inclinados; *c* - duas filas de poços verticais e inclinados.

Fig. 5.2. Esquemas tecnológicos de extração e escarificação na mina a céu aberto de Amantaytau

De acordo com o terceiro esquema, o método de desenvolvimento e conceção da escarpa através da perfuração e detonação de furos verticais, quando a última fila de furos curtos perfurados a uma profundidade de 0,3-0,5 da altura da escarpa é recomendada para ser utilizada em áreas com estrutura de grandes blocos de rochas (o tamanho médio da nervura do bloco é de 1,55 m). A parte superior de saliências de 10 metros de altura é inclinada a uma altura de 3-5 metros através de cargas explosivas em furos verticais curtos. Dependendo do tipo de rochas, ao colocar a saliência superior no contorno limite, a última fila de furos verticais é perfurada a uma distância de 3-4 m da posição de projeto do bordo inferior desta saliência.

No trabalho, são considerados e recomendados três esquemas de instalação da rede de explosivos em jato de areia de curta duração em várias filas em cinturas de contorno para manutenção da estabilidade dos taludes dos lados da pedreira (fig. 5.3, 5.4, 5.5).

O que precede mostra que as cargas dinâmicas nas bordas e nos lados da mina a céu aberto podem ser significativamente reduzidas através da aplicação de uma tecnologia especial de operações de perfuração e detonação durante a exploração da zona de proteção do contorno.

A extensão da zona de contorno e da zona de proteção do contorno é determinada de acordo com leis empíricas estabelecidas em função da resistência e da fracturação das rochas.

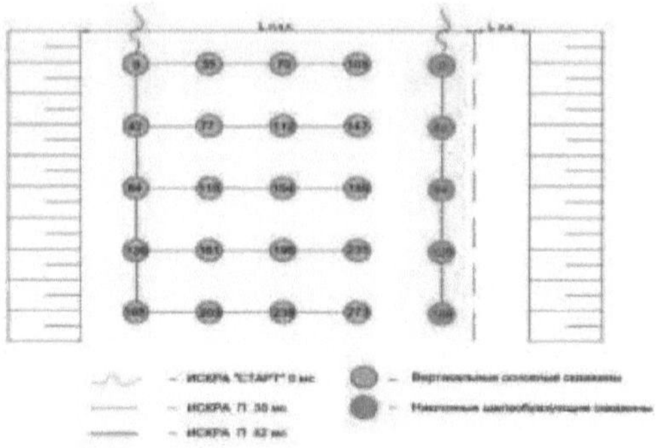

Fig.5.3 Esquema diagonal da explosão com atraso curto em várias filas

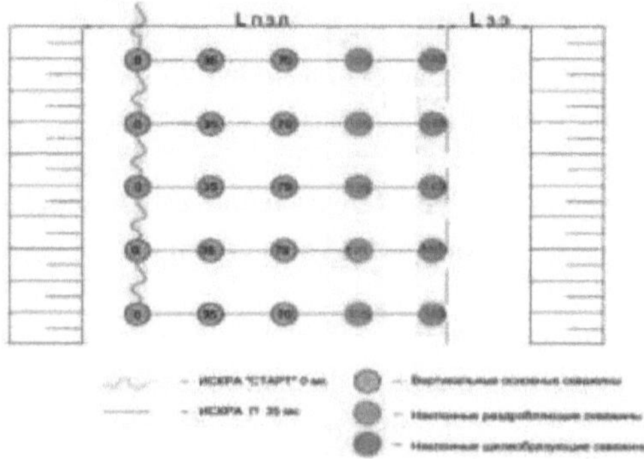

Fig.5.4: Diagrama de ordem para explosão com atraso curto em várias filas

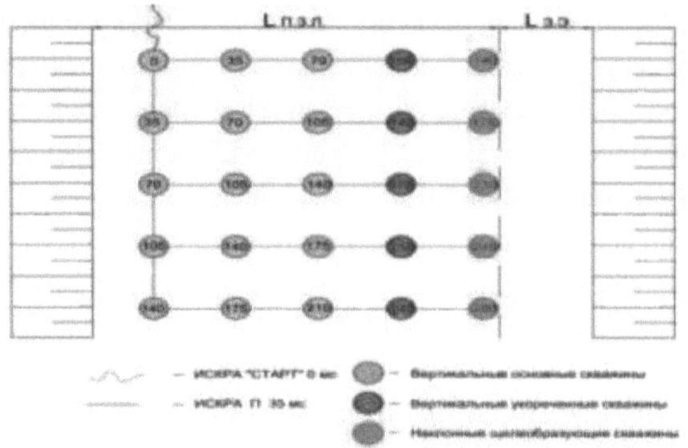

Fig.5.5 Esquema diagonal da explosão com atraso curto em várias filas

As propriedades da rocha são um fator decisivo na determinação dos parâmetros das operações de perfuração e detonação na zona de contorno, na seleção de esquemas tecnológicos para a exploração mineira da zona de proteção do contorno e na conceção de taludes em posição estacionária.

Os dados comparativos das explosões experimentais são apresentados no

Quadro 5.7. A avaliação quantitativa da ação de explosão indica a viabilidade dos esquemas de detonação propostos.

Quadro 5.7

Caracterização dos resultados das explosões experimentais na pedreira Amantaytau

Indicadores	Sequência de detonação simples	Ordem inversa da decapagem
Largura da zona de apunhalamento, m	2,8	4
Comprimento da zona de deformação residual, m	7	10
Deslocação vertical máxima da matriz, mm	78	86
Caracterização qualitativa da explosão	Os vestígios de todos os poços são visíveis, a superfície do declive é plana	Não há vestígios de poços de contorno, o declive é irregular

§ 5.3 Elaboração de recomendações para assegurar a estabilidade das laterais da pedreira de Amantaytau

Com base na análise de pesquisas de zoneamento de critérios de prática mundial de maciços de instrumentos de campo a céu aberto sobre a estabilidade de encostas, e pesquisas de uma condição moderna de condições geomecânicas de um maciço rochoso, estimativa das principais tensões horizontais nos dados sobre campos análogos próximos e no zoneamento geodinâmico de depósitos.

Realizou também estudos laboratoriais para determinar as caraterísticas engenheiro-geológicas, físico-mecânicas das rochas e a justificação teórica dos parâmetros físico-mecânicos do maciço através de métodos melhorados de Hook e VNIMI, do método dos elementos finitos e do método do equilíbrio limite, estabeleceu os parâmetros limite do ângulo de inclinação dos flancos e da tecnologia de detonação e propôs as seguintes recomendações para garantir a estabilidade dos flancos das pedreiras de Amantaytau Norte e Central.

1. O zonamento recomendado da pedreira baseia-se nos ângulos de inclinação dos taludes estáveis e dos lados da cava, sendo este zonamento válido para o contorno de projeto da pedreira. Se o contorno de projeto for alterado, os limites e os parâmetros recomendados para as zonas devem ser revistos.

2. De acordo com os cálculos efectuados para determinar o ângulo geral dos lados da pedreira, a largura do prisma de possível colapso no lado oriental atinge um máximo de 98 m e no lado ocidental de 65 m, quando se adopta o

recomendado nos parâmetros de trabalho dos lados da pedreira, de modo a que os aterros não tenham um impacto negativo na estabilidade dos lados da pedreira, devem ser localizados a uma distância suficiente dos lados da pedreira, ou seja, fora do prisma de possível colapso.

3. Foram desenvolvidas recomendações sobre os parâmetros das bordas estáveis dos poços, que são calculados com base em informações sobre a fracturação com a utilização de análise cinemática e cálculos especiais pelo método de equilíbrio limite. É importante notar que os ângulos de inclinação das bordas recomendados neste documento só podem ser alcançados através do desenvolvimento e aplicação de tecnologia especial BWR para colocar as bordas na posição limite.

4. Tendo em conta as condições geomecânicas do depósito de Amantaytau, nomeadamente a estratificação e a relativa baixa resistência das rochas, os estudos teóricos e experimentais recomendaram a utilização de uma tecnologia especial de extração explosiva de cinturões próximos do contorno, reduzindo as cargas dinâmicas nos lados da cava para garantir uma segurança fiável do maciço do contorno.

5. Recomenda-se, com base nas regularidades quantitativas e qualitativas estabelecidas da destruição do maciço por explosão, o método de definição da largura de uma zona de proteção próxima do contorno, o tamanho de uma carga num poço, a despesa específica de explosivos, os parâmetros de um arranjo de poços explosivos em que a segurança e a estabilidade a longo prazo de uma placa de uma pedreira são fornecidas.

Conclusões

1. O zonamento da pedreira por ângulos de inclinação dos taludes estáveis e dos lados da pedreira foi efectuado para o contorno de projeto da pedreira. Se o contorno de projeto for alterado, os limites e os parâmetros recomendados das zonas devem ser revistos.

2. Fundamentação teórica e experimental da aplicação da tecnologia especial de extração explosiva de cinturões próximos do contorno, redução das cargas dinâmicas nos lados da mina a céu aberto para garantir a segurança fiável do maciço de contorno.

3. Com base nas regularidades quantitativas e qualitativas estabelecidas da destruição maciça por explosão, são desenvolvidos os métodos de definição da largura de uma fita de contorno próximo, tamanho de uma carga em um poço, despesa específica de BB, parâmetros de um arranjo de poços explosivos em que a segurança confiável de uma placa de uma pedreira é fornecida.

CONCLUSÃO

Com base nas investigações efectuadas sobre a zonagem dos lados da estabilidade e a fundamentação da tecnologia de detonação na zona de contorno da pedreira, são feitas as seguintes conclusões principais, com significado teórico e prático:

1. A análise mostrou que a fase final do zonamento é a construção de um mapa preditivo, que atribui as áreas do conselho de administração de acordo com o critério de zonamento adotado, o mapa preditivo de zonamento permite resolver os problemas associados à estabilidade dos taludes das pedreiras.
2. Como critério de zonamento foi tomado o grau de estabilidade das faces da pedreira pelo valor do coeficiente de reserva, o deslocamento total da superfície dos maciços do instrumento, onde predomina a componente horizontal do vetor de cisalhamento.
3. Recolha, sistematização e digitalização dos dados das sondagens de prospeção, a exploração pormenorizada do depósito mostrou que não existem secções geológicas em perfis de cálculo potenciais para avaliar a estabilidade das paredes do poço ao longo das direcções mais perigosas em termos de deformação, o que exige estudos adicionais do maciço rochoso.
4. Estudos teóricos e laboratoriais estabeleceram o coeficiente de pressão lateral, o coeficiente de Poisson, o módulo de deformação, as propriedades físico-mecânicas das rochas necessárias para a avaliação da estabilidade dos flancos pelo método dos elementos finitos.
5. A metodologia de investigação das propriedades físicas e mecânicas das rochas Os valores obtidos das propriedades de resistência das rochas σszh, Pr, adesão e ângulo de atrito interno permitem, nas condições de desenvolvimento da pedreira, justificar os parâmetros estáveis da pedreira, tanto a altura da saliência e do lado, como o ângulo da sua inclinação.
6. Os resultados dos estudos laboratoriais de determinação da resistência à tração, das propriedades de deformação, da aderência e do ângulo de atrito interno, do módulo de elasticidade de Young e do coeficiente de Poisson das rochas abrem possibilidades de fundamentação dos parâmetros limitadores do ângulo de inclinação dos flancos e das saliências das pedreiras do Norte e do Centro de Amantaytau.
7. Os cálculos efectuados com a utilização do critério de resistência não linear de Hooke-Brown e do índice de resistência geológica (GSI) pelo método dos elementos finitos, bem como com a utilização do critério de resistência de Coulomb pelos métodos de equilíbrio limite, as curvas de resistência, por diferentes métodos, mostraram a sua semelhança.

8. A estabilidade dos lados da pedreira no contorno de projeto foi avaliada por dois métodos. Modelação pelo método dos elementos finitos e cálculos pelo método do equilíbrio limite (método da adição vetorial de forças). Os resultados da avaliação da estabilidade indicaram uma estabilidade insuficiente dos lados da pedreira no contorno de projeto. Os coeficientes de reserva de estabilidade obtidos situam-se no intervalo de 0,66-1,06.
9. Fundamentação teórica e experimental da aplicação da tecnologia especial de extração explosiva de cinturões próximos do contorno, redução das cargas dinâmicas nos lados da mina a céu aberto para garantir a segurança fiável do maciço de contorno.
10. Foram elaboradas recomendações para melhorar a estabilidade dos flancos, a fim de garantir a eficiência e a segurança das operações mineiras das minas a céu aberto de Amantaytau Norte e Central.
11. Utilizando os resultados do trabalho de dissertação relativo ao depósito de Amantaytau, com base nos dados estabelecidos sobre as propriedades físicas e mecânicas do maciço rochoso e as condições estruturais e geológicas, e nos cálculos efectuados, foi realizada a seleção dos ângulos gerais dos lados da pedreira, o que permite assegurar a reserva normativa de estabilidade dos lados a n=1,3, reduzir a taxa de decapeamento em 12% e garantir a segurança das operações mineiras em peso
o período de funcionamento da instalação.

LISTA DE REFERÊNCIAS

1. Bastan P.P. Sobre a possibilidade de utilizar diferenças de indicadores para avaliar a sua variabilidade // Izvestiya Vuzov. Jornal de mineração. 1963. - №7. - C. 74-84.

2. Bukrinsky V.A., Korobchenko Y.V. Geometrização de depósitos minerais. - M.: Nedra, 1977. - 376 c.

3. Vilesov G.I., Didenko I.M., Ivchenko A.N. Metodologia de geometrização de depósitos. - Moscovo: Nedra, 1973. - 176 c.

4. Gudkov V.M. Theoretical bases of ore homogeneity estimation / V.M. Gudkov, A.A. Vasiliev, K.P. Nikolaev // Mine surveying: Collection of scientific works, Moscow: VZPI, 1976. - Edição 99. - C. 15-28.

5. Margolin A.M. Methods and results of mathematical and statistical research in geological exploration - M.: 1972 - P. 85-113.

6. Myagkov V.F. Geometrização e análise de campos geológicos de depósitos minerais // Izv. de escolas secundárias. Geologia e Exploração. Jornal, 1984. - № 3. - C. 30-39.

7. Ratos M.V. Cracking and properties of fractured rocks. -M.: Nedra, 1970. - 164 c.

8. Ryzhov P.A. Geometria do subsolo / P.A. Ryzhov. Moscovo: Uglegletekhizdat, 1952. - 604 c.

9. Sobolevskiy P.K. Geometria Mineira Moderna / P.K. Sobolevskiy // Trabalhos Científicos do MGI: Coleção de artigos científicos. - M., 1969. - C. 18-63.

10. Ushakov I.N. Mining geometry (geometry of subsoil) State scientific and technical publishing house of literature on mining. - Moscovo, 1962. - 459 c.

11. Khokhryakov V.S. Exploração a céu aberto de depósitos minerais. - M., Nedra, 1991. - 336 c.

12. Chetverikov, L.I. Bases teóricas da modelação de corpos minerais sólidos / L.I. Chetverikov. Voronezh: Universidade de Voronezh, 1968. - 152 c.

13. Afanasyev B.G. Desenvolvimento de bases científicas para o cálculo da estabilidade de maciços de instrumentos em camadas em minas de carvão: resumo de Cand. Sci. (em russo): São Petersburgo, 1992. - 30 c.

14. Galperin A.M. Geomechanics of open-pit mining (Geomecânica da exploração mineira a céu aberto). - MOSCOVO: MGGU. 2003. - 473 c.

15. Demin A.M., Sokolovskiy M.M. Operações mineiras a céu aberto. - Moscovo: Ugletekhizdat, 1958. - 108 c.

16. Desenvolvimento de regulamentos sobre parâmetros estáveis de saliências e lados convexos das pedreiras Central e Ocidental e esquemas tecnológicos de seu ajuste. Relatório / UGI. Ruk. Zoteev V.G. - Ekaterinburg,

1992. - 39 c.
17. Pevzner M.E. Deformações de rochas em pedreiras / M.E. Pevzner. Pevzner. - Moscovo: Nedra, 1992. - 250 c.
18. Popov V.N. Management of stability of quarry slopes (Gestão da estabilidade dos taludes das pedreiras). - Moscovo: Gornaya kniga, 2008. - 683 c.
19. Shpakov, P.S.; Popov, I.I. Cálculo dos parâmetros dos declives dos poços com base em métodos numéricos e analíticos [Texto] / P.S. Shpakov, I.I. Popov // Mining Journal, 1988. - №1. - C. 26-28.
20. Sapozhnikov, V.G. K question about the limit height of spoil heaps / V.G. Sapozhnikov // FTPRPI. - 1971. - № 6. - C. 80-86.
21. Turintsev, Yu.I. Guia metodológico para a determinação dos ângulos máximos de redenção dos lados das minas de cobre [Texto] / Yu.I. Turintsev, P.V. Koltsov, A.B. Zhabko. - Ekaterinburg: UGGU Publishing House, 2010. - 106 c.
22. Fisenko G.L. Methodical guidelines for determining the angles of inclination of the sides, slopes of ledges and dumps of quarries under construction and in operation / G.L. Fisenko et al. - L.: VNIMI, 1972. - 165 c.
23. Shpakov, P.S. Levantamento de minas, fundamentação de modelos geomecânicos e desenvolvimento de métodos analíticos numéricos de cálculo de declives estáveis em pedreiras [Texto]: autoref. doutoramento em ciências técnicas. / P.S. Shpakov. - Leningrado, 1988. - 41c.
24. Baron L.I. Lumpiness and methods of its measurement / L.I. Baron. - Moscovo: Izd. da Academia de Ciências da URSS, 1960. - 124 c.
25. Belyakov Yu.I. Conceção de trabalhos de escavação / Yu.I. Belyakov. - L.: Nedra, 1983. - 349 c.
26. Golubintsev O. N. Propriedades mecânicas e abrasivas das rochas e sua capacidade de perfuração / O. N. Golubintsev. - Moscovo: Editora Nedra, 1968. - 198 c.
27. Kutuzov B.N. Destruição de rochas por explosão. Tecnologias explosivas na indústria. - M.: MGGU, 1994. - 448 c.
28. Mosinets V.N., Abramov A.B. Fracture of fractured and disturbed rocks (Fratura de rochas fracturadas e perturbadas). - Moscovo: Nedra, 1982. - 248 c.
29. Rakishev B.R. Prediction of technological parameters of blasted rocks at quarries. - Alma-Ata: Nauka, 1983. - 240 c.
30. Rubtsov V.K. Estudo das caraterísticas estruturais do maciço rochoso aplicado à detonação // Blasting, 1963. - №53/10. -C. 31-36.
31. Rzhevskiy V.V. Fundamentos da física das rochas / V.V. Rzhevskiy,

G.Y. Novik. Moscovo: Nedra, 1973. - 286 c.
32. Tangaev I.A. Drillability and explosiveness of rocks. - Moscovo: Nedra, 1978. - 184 c.
33. Rybin V.V., Potapov D.A., Kalyuzhny A.S. Zonagem em profundidade do campo a céu aberto do depósito Oleniy Ruchey utilizando a classificação geomecânica do Professor D. Lobshire. // Instituição Orçamental do Estado Federal da Ciência Instituto de Engenharia de Minas do Ramo Ural da Academia Russa de Ciências. Problemas de utilização do subsolo, 2014. - 1. - C. 4452.
34. Estudos tecnológicos e geomecânicos dos limites da mina a céu aberto do depósito de Oleniy Ruchey: relatório de investigação (final) ao abrigo do contrato n.º 2256 de 30.03.2007 entre o Instituto Mineiro da KSC RAS e a CJSC "NWPC", fundos do Instituto Mineiro da KSC RAS, Inv. n.º 1046 / executor responsável Kozyrev A.A.; executor Reshetnyak S.P., Bilin A.L., Rybin V.V., Lyubin A.N., Churkin O.E., Nagovitsyn O.V., Smagin A.V., Rodina A.V., Kasparian E.V., Zhirov D.V. (responsável pela secção). - Apatite: 2007. - 127 c.
35. Relatório sobre os resultados da exploração pormenorizada do depósito de minério de apatite-nefelina Oleniy Ruchey em 1980-85 com cálculo das reservas a partir de 1 de outubro de 1985 e trabalhos de prospeção e avaliação no flanco sudoeste em 1982-1984. RSFSR, Região de Murmansk. T. 1. Livro 1: Texto do relatório / executor responsável Fanygin A.S. et al. - Apatity: Sevzapzapgeologia, 1985. -354 c.
36. Controlo da pressão de montanha em maciços tectonicamente stressados / Kozyrev A.A. et al. - Apatity, KSC RAS, 1996. - 159 c.
37. Estudo das propriedades físicas e mecânicas do maciço da pedreira e previsão do estado de tensão dos horizontes profundos com base em materiais de perfuração de exploração geológica para garantir a segurança geodinâmica do depósito Oleniy Ruchey: relatório de investigação (2ª fase) ao abrigo do contrato nº 2652 entre o Instituto Mineiro do KSCRAN e a CJSC "NWPC". Kozyrev A.A.; executor. Panin V.I., Rybin V.V., Gubinsky N.O., Potokin M.I., Dannikov I.V., Zhirov D.V., Klimov S.A., Telezhkina N.S., Troshkova A.V. - Apatity, 2010. - 64 c.
38. Laubscher D.H.. A geomechanics classification system for rating of rock mass inmine design / D. H. Laubscher // Journal South African Inst. of Mining and Metallurgy. H. Laubscher // Journal South African Inst. of Mining and Metallurgy. - 1990. - No. 10. - pp. 257-273.
39. Jacubec J., Laubscher D.H.. O sistema de classificação do maciço rochoso MRMR na prática mineira. Brisbane. - 2000. - pp. 413-421.

40. Laubscher D.H., Jacubec J. A classificação de maciços rochosos MRMR para maciços rochosos articulados. Foundations for Design. Brisbane. - 2000. - pp. 475-481.
41. Nizametdinov F.K., Urdubaev R.A., Ananin A.I., Ozhigina S.B. Metodologia para avaliar o estado e o zoneamento dos lados das pedreiras profundas no fator de estabilidade // Actas da Universidade. "Geotecnologias. Segurança de Vida", 2010. - 4. - c. 44-47.
42. Fisenko G.L. Stability of quarry sides and dumps (Estabilidade dos taludes e aterros de pedreiras). - Moscovo: Nedra, 1965. - 378 c.
43. Diretrizes metodológicas para a determinação dos ângulos de inclinação dos flancos, dos taludes das saliências e dos aterros das pedreiras em construção e em exploração. - L.: VNIMI, 1972. - 165 c.
44. Instruções metodológicas provisórias sobre a gestão da estabilidade das bermas de pedreiras de metalurgia não ferrosa. - M.: MCM SSSR, 1989. - 128 c.
45. Popov I.I., Shpakov P.S., Poklad G.G. Stability of rock dumps. - Alma-Ata: Nauka, 1987. - 225 c.
46. Dunaev V.A., Seriy S.S., Gerasimov A.V., Absatarov S.H. Metodologia de zoneamento de campos a céu aberto sobre a obstrução e explosividade de rochas do embasamento pré-cambriano // Informação mineira e boletim analítico. - № 9. 2006. - c. 77-85.
47. Dunayev V.A., Gray S.S. Fracturação de metamorfitos da série Kursk na bacia KMA. // "Izvestiya Vuzov. Geologia e Exploração", 2003. - №12. - C. 16-18.
48. Tangaev O.P. Drillability and explosiveness of rocks. - Moscovo: Nedra, 1978. - 140 c.
49. Classificação provisória das rochas pelo grau de fracturação do maciço. Comissão Interdepartamental de Engenharia de Explosivos // Inf. número B-199.- M.:IGD, 1968. - C. 31-33.
50. Seriy S.S., Gerasimov A.V. Information technology of geological and mine surveying support and design of drilling and blasting operations at open pits // In: Issues of drainage and protection from waterlogging, mining geology and special mining operations (materials of the 8th International Symposium, part 1). - Belgorod: VIOGEM, 2005. - C.82-86.
51. Koltsov P. V., Ivanov Yu. S., Palutina E. N., Andreeva O. N. Estimativa da estabilidade dos lados da pedreira de Uchkalinskiy no recultivo. Globus (Geologia e Negócios). - Krasnoyarsk. - №2(46). 2017. - C. 98-102.
52. Rylnikova M.V., Alekseev A.B., Esina E.N. et al. // Boletim analítico de informação mineira. № 14. 2011. - C. 79-83.

53. Regras para garantir a estabilidade de taludes em cortes // SPb: VNIMI. 1998. - 208 c.
54. Hoek E., Carranza-Torres C., Corkum B. Critério de falha de Hoek-Brown // Toronto: Proc. Conferência NARMS-TAC, 200, 1. 2002. - pp. 267-273.
55. Hoek E., Brown E.T. O critério de falha de Hoek-Brown e o GSI // Journal of rock mechanics and geotechnical engineering. 2018. - P. 306.
56. Richard E. Goodman, Genhua Shi. Teoria dos blocos e sua aplicação à engenharia de rochas // 1985. - P. 352.
57. Diretrizes para a conceção das faces das pedreiras [Texto] / [Peter Stacey et al.]; eds: John Reed, Peter Stacey ; [traduzido do inglês: A. S. Benthen] // Ekaterinburg: Pravoved: Polymetal. 2015. - 527 c.
58. Gordeev V.A., Samarin A.V. Critério de zoneamento do campo da pedreira pela estabilidade do declive // Proceedings of the Ural State Mining University. Edição 3, 1993. - C. 70-71.
59. Gordeev, V.A.; Samarin, A.V. Sistema de pontuação para estimar a estabilidade dos taludes das pedreiras // Problemas de melhoria da eficiência dos trabalhos de topografia em empresas mineiras: coleção científica interuniversitária / editado por V.A. V.A.; V.A. Kuznetsov. : B. A. Gordeev (editor-chefe) et al. - Ekaterinburg: UGI, 1992. - 68 c.
60. Estimativa sumária das reservas do depósito de ouro de Amantaitau. Exploração pormenorizada do depósito. Empresa estatal Samarkandgeologiya. Daugyztau GRE, Amantaytau GRP. - 1994. - 90 c.
61. Silkin A.A. et al. "Management of long-term stability of slopes at quarries in Uzbekistan" [Gestão da estabilidade a longo prazo de taludes em pedreiras no Uzbequistão]. Tashkent, ed. "Fan" -2005. - 160 c.
62. Orientações metodológicas para a determinação dos ângulos de inclinação dos flancos, dos taludes das saliências e das escombreiras das pedreiras em construção e em exploração. - L.: VNIMI, 1972. - 12 c.
63. Regras para garantir a estabilidade de taludes em minas de carvão. - Izd. VNIMI, São Petersburgo, 1998. - 136 c.
64. Aitmatov. I.T. "Geomechanics of ore deposits of Central Asia". - Frunze, Academia de Ciências da SSR do Quirguistão, 1987. - 247c.
65. Instruções metodológicas temporárias sobre a gestão da estabilidade dos lados da pedreira de metalurgia não ferrosa. - Moscovo: "Unipromed", 1989. - 22 c.
66. Fisenko G.L. "Stability of quarry sides and dumps". - Moscovo: "Nedra", 1965. - 203 c.
67. GOST 12071-2014. Solos. Seleção, embalagem, transporte e

armazenamento de amostras. - M.: 2015. - 32 c.
68. GOST 20522-2012. Solos. Método de processamento estatístico de resultados de ensaios. - M.: 2013. - 28 c.
69. GOST 25100-2011. Classificação. - M.:, MNTX, 2013. - 16 c.
70. GOST 5180-2015. Solos. Métodos de determinação laboratorial das caraterísticas físicas. - M.: 2016. - 18 c.
71. GOST 21153.2-84. Rochas. Métodos de determinação da resistência à compressão uniaxial. - M.: 1984. - 24 c.
72. GOST 21153.3-85. Rochas. Métodos de determinação da resistência à tração uniaxial. - M.: 1985. - 36 c.
73. GOST 24941-81 Rochas. Métodos de determinação das propriedades mecânicas por carregamento com indentadores esféricos. - M.: 1981. -28 c.
74. GOST 12248-96. Solos. Métodos de determinação laboratorial das caraterísticas de resistência e deformabilidade. - M.: 2011. - 36 c.
75. GOST 21153.8-88. Rochas. Métodos de determinação da resistência à compressão a granel. - M.: 1988. 17 c.
76. GOST 8269.0-97 Pedra britada e cascalho de rochas densas e resíduos industriais para obras de construção.Métodos de ensaios físicos e mecânicos. - M.:1997. - 18 c.
77. GOST 21153.5-88 Rochas. Método de determinação da resistência ao cisalhamento por compressão. - M.: 1988. - 22 c.
78. GOST 21153.7-75 Rochas. Método de determinação das velocidades de propagação de ondas elásticas longitudinais e transversais. - M.: 1976. - 24 c.
79. RSN 51-84. Estudos de engenharia para a construção. Produção de estudos laboratoriais de propriedades físicas e mecânicas de solos. - M.: 1984. - 122 c.
80. Laboratório de campo de Litvinov PLL-9. Coeficiente de filtração de solos argilosos. - São Petersburgo, 2012. - 16 c.
81. Propriedades das rochas e métodos para a sua determinação. - Editado por M.M. Protodyakonov. - M.: 1984. - C. 116-118.
82. Diretrizes metodológicas para a determinação dos ângulos de inclinação dos flancos, dos taludes das saliências e dos aterros das pedreiras em construção e em exploração. - L.: VNIMI, 1972. - 36 c.
83. Relatório de Investigação e Desenvolvimento "Investigação das propriedades físicas e mecânicas das rochas dos depósitos Amantaytau do Norte e Central e justificação dos parâmetros limitadores do ângulo de inclinação dos lados e das saliências dos poços abertos". 1 fase. JSC VNIMI, São Petersburgo, 2019. - 64 c.
84. Relatório de Investigação e Desenvolvimento "Estudo das propriedades

físicas e mecânicas das rochas dos depósitos Amantaytau do Norte e Central e justificação dos parâmetros limitadores do ângulo de inclinação dos flancos e saliências das minas a céu aberto". 2 fases. JSC VNIMI, São Petersburgo, 2019. - 42 c.

85. E. Hoek, E.T. Brown. O critério de falha Hoek-Brown e GSI - edição de 2018 // Journal of Rock Mechanics and Geotechnical Engineering. 2018. - pp. 119.

86. E. Hoek. Putting numbers to geology - an engineer's viewpoint // Quarterly Journal of Engineering Geology and Hydrogeology, 32. 1999. - pp. 119.

87. Hoek, E and Karzulovic, A. Rock mass properties for surface mines, in Slope Stability in Surface Mining, (Edited by W.A. Hustralid, M.K. McCarter and D.J.A. van Zyl), Littleton, Colorado: Society for Mining, Metallurgical and Exploration (SME), 2000. - pp. 59-70.

88. Diretrizes para a conceção de taludes a céu aberto. Diretrizes para a conceção de taludes a céu aberto: edição científica // editado por D. Reed, P. Stacey; tradução inglesa de A. S. Bentshen; editor científico A. B. Makarov. Ekaterinburg: Pravoved, 2015. -528 c.

89. Popov V.N., Baikov B.N. Technology of quarry sidetracking. - M.: Nedra, 1991. - 252 c.

90. Rakishev, B.R. Parâmetros racionais de arranjo de carga em uma borda // Blasting, 2009. - C. 81-90.

Anexo

Anexo 1

Parâmetros tecnológicos para a perfuração de poços adicionais

№ furo de sondagem.	Perfil	Profundidade de projeto, m	Secção geológica projectada (prevista)	Intervalo de teste	Diâmetro mínimo de perfuração, mm
T-1	3	150	0-60 - Argila dura cinzenta clara, amarela, com finas intercamadas de marga; 60-75 - Areia cinzenta clara (arenito) densa de baixa humidade; 75-140 - A argila é dura; lama com camadas intermédias de arenito; 140-150 - Arenito quartzoso, durável	Determinar a profundidade da cobertura das rochas paleozóicas, sem amostragem	89
T-2	5	130	0-10 - Argila dura cinzenta clara; 10-20 - Mergel; 20-40 - A argila é difícil; 40-50 - Mergel; 50-80 - Areia de densidade não especificada; 80-125 - Argila dura do tipo argilito; 125-130 - Arenito quartzoso	Monólitos: 10,25,30,40. (argilas) 15,45 (margas) 55,60,65,70,75,80 (areias)130 (arenito quartzoso)	112-89 (na face)
T-3	6	140	0-55 - A argila é dura; 55-85 - A areia está solta; 85-135 - Argila dura com arenitos; 135-140 - Arenito quartzoso acidentado	Estabelecer a cobertura das rochas paleozóicas, sem amostragem	89
T-4		90	0-50 - A argila é dura; 50-85 - A areia está solta; 85-90 - Argila dura com camadas finas de marga	Monólitos: 20,40,50 (argilas) 60,65,70,75,80,85 (areias)	112-89 (na face)
T-5	7	120	0-80 - A argila é dura; 80-95 - Mergel; 95-120 - Arenito de grão fino Mz-Kz	Monólitos: 20,40,60,80 (argilas) 85,90 (margas) 100,120 (arenitos)	112-89 (na face)
T-6	9	90	0-80 - A argila é dura; 80-90 - Arenito de grão fino	20,40,60,80 (argilas) 90 (arenito)	112-89 (na face)
T-7	10	50	0-45 - Argila dura; 45-50 - Siltito	Estabelecer a cobertura das rochas	89

				paleozóicas, sem amostragem	

Anexo 2

Lista de poços necessários para criar um modelo 3D campos

Tabela 1- Poços do campo Norte

Números de poços:							
1300	1403	1644	1703	1800	1902	2006	139
1301	1404	1647	1704	1802	1908	2009	283
1305	1416	1648	1705	1804	1915	2013	293
1306	1421	1649	1706	1805	1916	2123	544
1310	1424	1655	1707	1812	1917	2126	739
1311	1425	1658	1715	1819	1932	2128	
1314	1426	1661	1716	1822	1938	2130	
1318	1427	1664	1722	1824	1942	2132	
1324	1428	1666	1723	1826	1944	2164	
1327	1429	1667	1725	1830	1951	2175	
1328	1437	1671	1729	1840	1952	2305	
1330	1447	1673	1734	1841	1990a		
1331	1451	1674	1753	1845	1998		
1332	1456	1676	1755	1854	1999		
1343	1460	1678	1763	1856			
1348	1462	1679	1764	1861			
1350	1465	1680	1765	1862			
1351	1467	1682	1770	1867			
1358	1468	1684	1771	1877			
1361	1472	1686	1783	1879			
1377	1473	1688	1784	1883			
1379	1476	1690	1786	1885			
1381	1487	1691	1787	1890			
1381	1490	1692	1788				
1382	1491	1697	1791				
1391	1498	1698	1791				
1393	1499	1698	1799				
1398							
1399							
Total: 158 poços							

Quadro 2- Poços do campo Central (Nordeste, Este, Sul)

№ perfis	№№ poços										Número de poços.
prof.47	183	169	662	664	689						5
prof.49	681	1574	1575								3
prof.50	682	1573	2112								3
prof.51	338	1339									2
prof.52	178	1335	1569	2113							4

Prof. 53	185										1
Prof. 54	186	586	235	1556							4
prof.55	187	320	510								3
Prof. 56	300	332	342	1564							4
Prof. 57	189	301	1562	2109							4
Prof. 58	190	302	1560								3
Prof. 59	191	364	365								3
Prof. 82	790	791									2
Prof. 83	788	789	2263								3
Prof. 84	1526	1550	1965	2254	2255	2257					6
prof.85	1527	2247									2
Prof. 86	333	335	1525	2237	2240						5
Prof. 87	1519	2229	2230								3
prof.88	328	329	887	1518	2223	2224	2228				7
Prof. 99	193	194	195	316	322	1514	1516	1986			8
prof. 90	330	1422	1913	2211	2213						5
prof.91	240	245	255	982	1520	1554	1559	1614	1960		9
prof. 92	132	227	306	980	984	1586	1790	8005	8006		9
prof. 92	974	1505	1553	1557	1941	1969	1972	2105	8003	8004	10
prof. 94	969	970	994	995	1506	1507	1558	1574	1839	1945	12
	8001	8002									
prof.95	148	154	198	278	360	1895	1966	1994			8
prof.96	155	803	967	996	997	1366	1390	1581	1946	1948	11
	1994										
prof.97	150к	230	317	318	387	717	1905	1920	2027	2028	11
	2029										
prof.98	158	360	491	546	665	1317	1548	1621	1623	2145	10
prof.99	159	372	373	492	714	715	716	1544	1545	2141	10
prof.100	100	464	493	546	1541	1542	1543	1570	2139		9
prof.101	128	337	538	539	582	648	694	800	801	1539	12
	1606	2138									
prof.102	540	553	578	579	580	581	615	802	1360a	1537	12
	1921	2137									
1	2										3
prof.103	369	439	805	1536a	1995						5
prof.104	260	277	287	437	599	637	1594	1615	1618	1811	10
prof.105	436	590	643	690	805	807	1534				7
Prof. 106	288	470	495	531	600	603	937	938	1588	1909	11
	1922										
Prof. 107	498	534	545	636	708	892	939	940	942	1291	14
	1532	1595	1601	2117							
prof.108	530	759	815	944	945	1450	1594	1928	2118	2120	10
Prof. 109	249	482	587	588	589	644	730	731	732	741	13
	1530	1609	1625								
prof.110	261	294	497	535	563	564	565	572	592	1923	10
prof.111	248	595	596	645	652	653	654	655	656		9
Prof. 112	250 533	257 556	264 610	295 611	485	487	512	517	519	528	14

prof.113	608	884									2
Prof. 114	570	569	568	567	613	612	526	551	552	525	13
	885	561	253								
prof.115	2110										1
prof.116	511	524	583								3
Número total de poços.											325

Quadro 3- Poços da parte sudoeste da secção central

perfil não.	N.º de poços					Número de poços.
prof. 92	673	674				2
prof. 94	331	671	672			3
prof.95	327					1
prof.96	422	686				2
prof.97	668	669	670	689		4
prof.98	170	228	452	453	454	5
prof.99	635	663	678			3
prof.101	314	677				2
Número total de poços.						22

Anexo 3

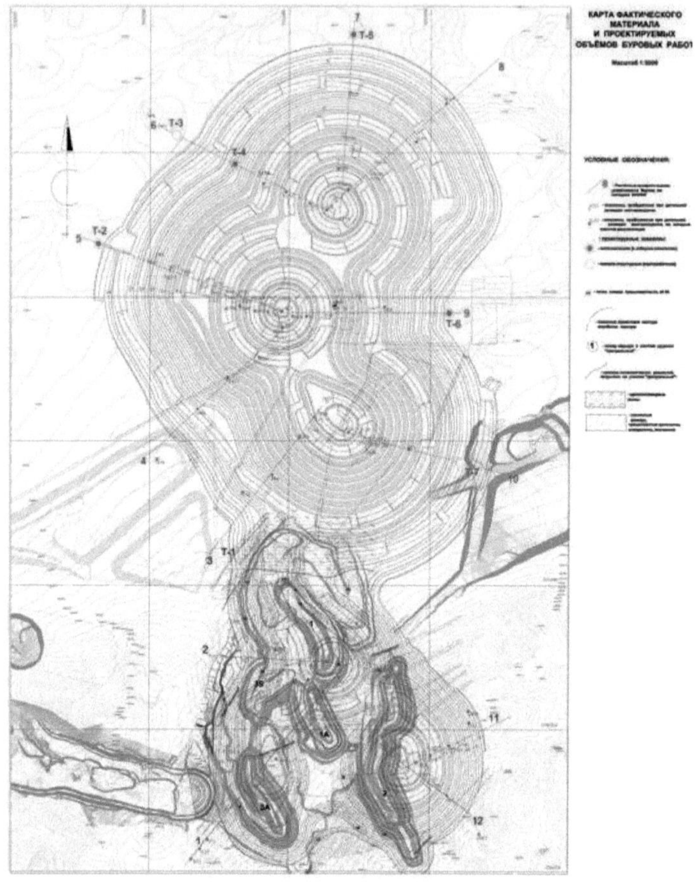
КАРТА ФАКТИЧЕСКОГО
МАТЕРИАЛА
И ПРОЕКТИРУЕМЫХ
ОБЪЁМОВ БУРОВЫХ РАБОТ
УСЛОВНЫЕ ОБОЗНАЧЕНИЯ

Anexo 4

Certificado de Conformidade Midas GTS NX

СИСТЕМА СЕРТИФИКАЦИИ ГОСТ Р

ФЕДЕРАЛЬНОЕ АГЕНТСТВО ПО ТЕХНИЧЕСКОМУ РЕГУЛИРОВАНИЮ И МЕТРОЛОГИИ

СЕРТИФИКАТ СООТВЕТСТВИЯ

№ РОСС KR.HB61.H05884

Срок действия с 30.04.2020 по 29.04.2023

№ 0467208

ОРГАН ПО СЕРТИФИКАЦИИ RA.RU.11HB61

Орган по сертификации ООО "ЦЕТРИМ". Адрес: 153000, РОССИЯ, Ивановская область, город Иваново, улица Богдана Хмельницкого, дом 36В. Телефон +7 4932773165. Адрес электронной почты info@cetrim.ru

ПРОДУКЦИЯ Программные комплексы для расчета и проектирования конструкций различного назначения и выполнения комплексных геотехнических расчетов midas GTS NX / FEA NX (в трехмерной и плоской постановках) и midas SoilWorks (в плоской постановке) согласно Приложению, бланки №0095509-095512. Серийный выпуск.

код ОК 58.29.29.000

СООТВЕТСТВУЕТ ТРЕБОВАНИЯМ НОРМАТИВНЫХ ДОКУМЕНТОВ

ГОСТ 28195-89, разд. 2, п.2.1 (пп. 1.1, 1.2, 2.1, 2.2, 2.3, 3.1, 3.2, 3.3, 6.1, 6.2); ГОСТ 28806-90, разд. 2, пп. 13-16; ГОСТ Р ИСО/МЭК 9126-93, разд. 4, пп. 4.1-4.4; ГОСТ Р ИСО 9127-94, разд. 6, пп. 6.1, 6.3-6.5; ГОСТ Р ИСО/МЭК 12119-2000, разд. 3, пп. 3.1.1, 3.1.3,, 3.1.4, 3.1.5, 3.2.1-3.2.5, 3.3.1, 3.3.2, 3.3.3; ГОСТ 27751-2014; ГОСТ 25100-2011; ГОСТ 5180-2015; ГОСТ 12248-2010; ГОСТ 20276-2012; нормативных и программных документов см. Приложение, бланки №0095509-095512

код ТН ВЭД -

ИЗГОТОВИТЕЛЬ MIDAS Information Technology Co., Ltd. Адрес: 463-400, КОРЕЯ, РЕСПУБЛИКА, MIDAS IT Tower – Pangyo Seven Venture Valley, 633 Sampyeong-dong Bundang-gu, Seongnam-si, Gyeonggi-do, телефон: +82-31-789-1955, адрес электронной почты: info@midasit.com.

СЕРТИФИКАТ ВЫДАН Общество с ограниченной ответственностью "МИДАС". ОГРН: 1137746856565, ИНН: 7736664814, КПП: 772501001. Адрес: 115280, РОССИЯ, г. Москва, Ул. Ленинская Слобода, д. 19, комната 21К, телефон: +7 (495) 269-0257, адрес электронной почты: rusupport@midasit.com.

НА ОСНОВАНИИ

Протокол испытаний № 003/Z-30/04/20 от 30.04.2020 года, выданный Испытательной лабораторией Общества с ограниченной ответственностью "ТАНТАЛ" (аттестат аккредитации РОСС RU.31578.04ОЛН0.ИЛ13)

ДОПОЛНИТЕЛЬНАЯ ИНФОРМАЦИЯ

Схема сертификации: 3с

М.П.

Руководитель органа — П.Г. Рухлядев

Эксперт — В.П Широков

Сертификат не применяется при обязательной сертификации

Apêndice 5.
Resultados da modelação numérica

a)

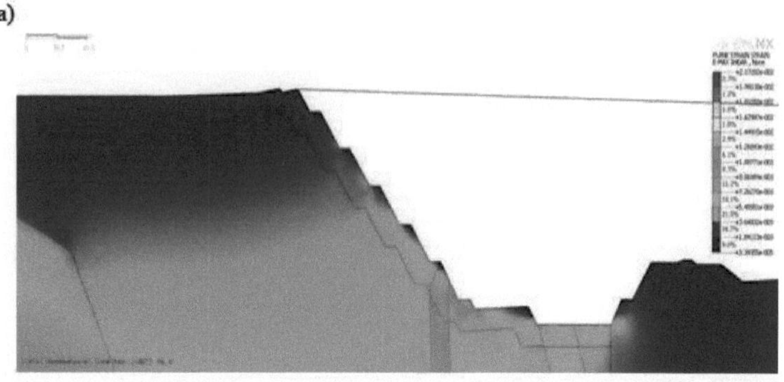

б)

Resultados da modelação do MEF para a secção 1-1: a) tensões de corte mais elevadas; b) tensões tangenciais mais elevadas

a)

б)

Resultados da modelação do MEF para a secção 2-2: a) tensões de corte mais elevadas; b) tensões tangenciais mais elevadas

a)

б)

Resultados da modelação do MEF para a secção 3-3: a) tensões de corte mais elevadas; b) tensões tangenciais mais elevadas

a)

б)

Resultados da modelação do MEF para a secção 4-4: a) maiores deformações de corte; b) maiores tensões tangenciais

a)

б)

Resultados da modelação do MEF para a secção 5-5: (a) o maior esforço de corte deformações; b) tensões tangenciais mais elevadas

б)

Resultados da modelação do MEF para a secção 6-6: a) tensões de corte mais elevadas; b) tensões tangenciais mais elevadas

a)

б)

Resultados da modelação do MEF para a secção 7-7: a) maiores deformações de corte; b) maiores tensões tangenciais

a)

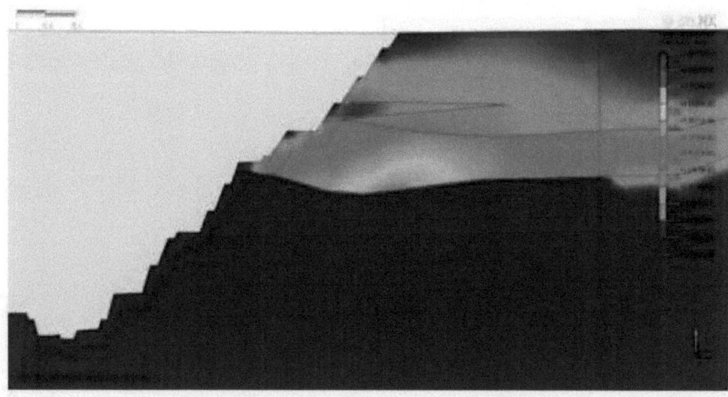

б)

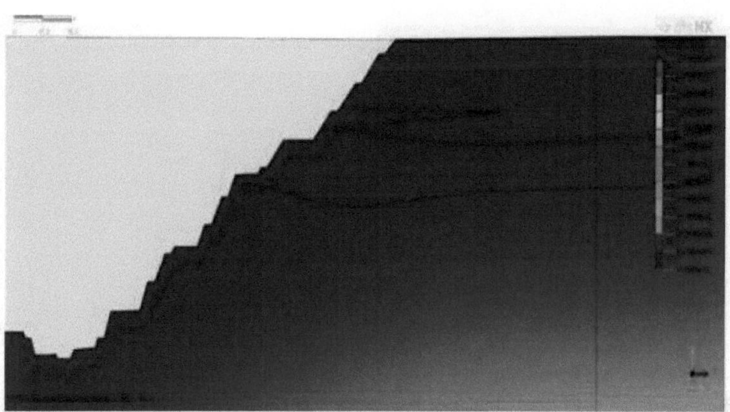

Resultados da modelação do MEF para a secção 8-8: a) maiores deformações de corte; b) maiores tensões tangenciais

a)

б)

Resultados da modelação do MEF para a secção 9-9: a) tensões de corte mais elevadas; b) tensões tangenciais mais elevadas

a)

б)

Resultados da modelação do MEF para a secção 10-10: a) tensões de corte mais elevadas; b) tensões tangenciais mais elevadas

a)

б)

Resultados da modelação do MEF para a secção 11-11: a) tensões de corte mais elevadas; b) tensões tangenciais mais elevadas

a)

b)

Resultados da modelação do MEF para a secção 12-12: a) maiores deformações de corte; b) maiores tensões tangenciais

Anexo 6
Resultados dos cálculos de estabilidade do MVSS

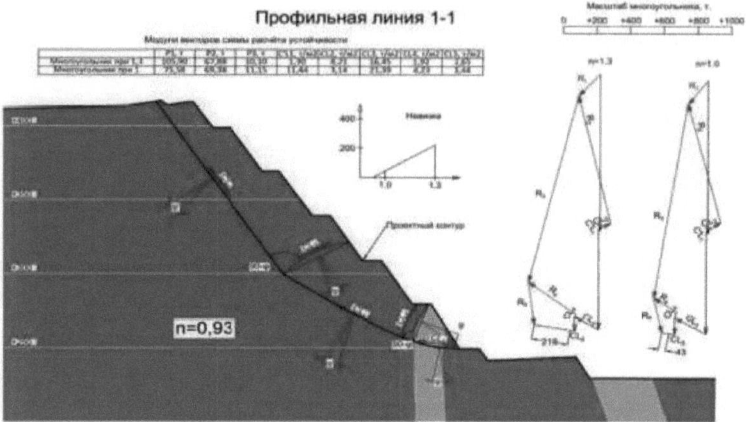

Cálculo da estabilidade para a secção 1-1

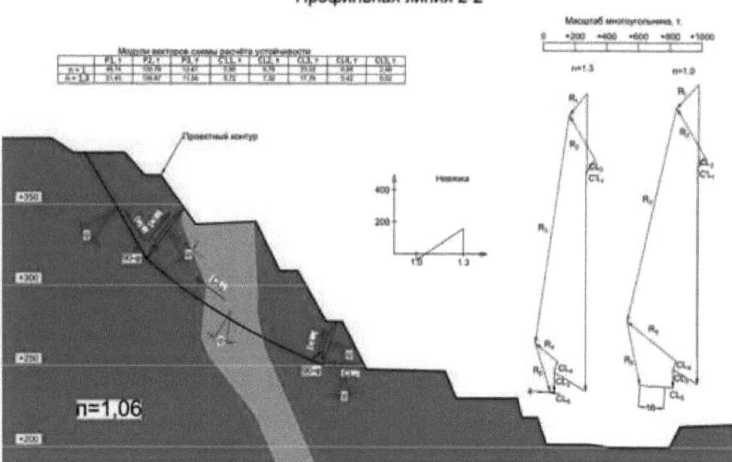

Cálculo da estabilidade para a secção 2-2

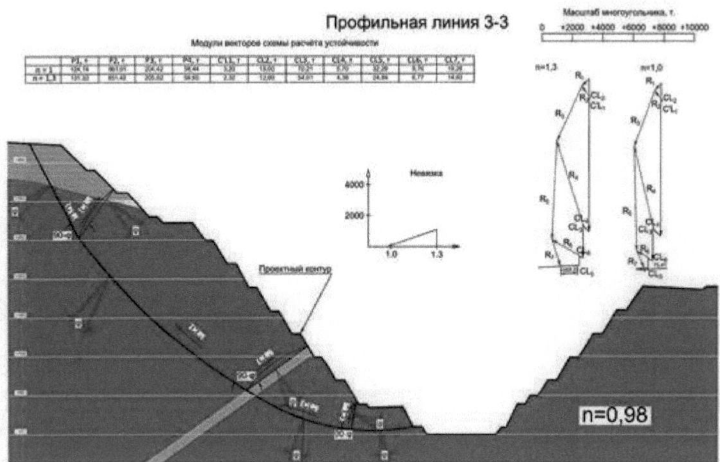

Cálculo da estabilidade para a secção 3-3

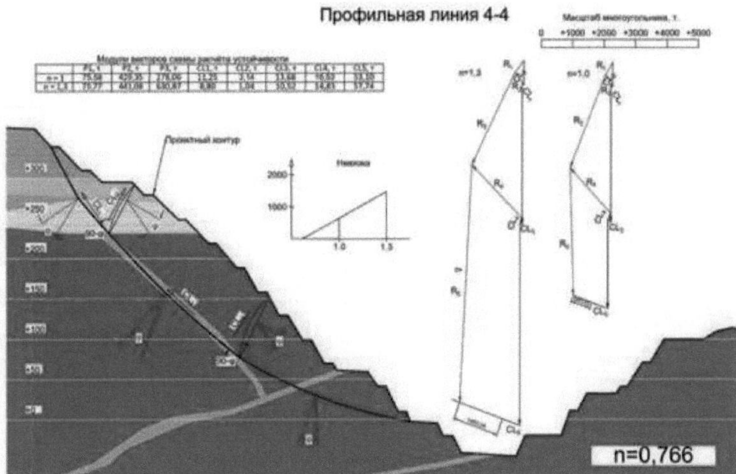

Cálculo da estabilidade na secção 4-4

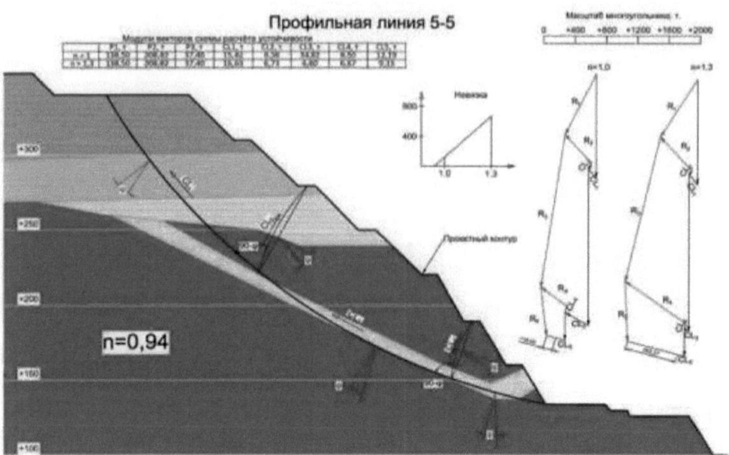

Cálculo da estabilidade na secção 5-5

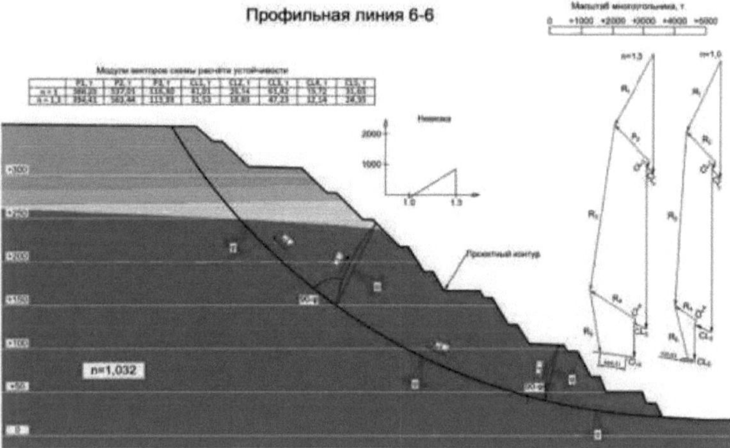

Cálculo da estabilidade para a secção 6-6

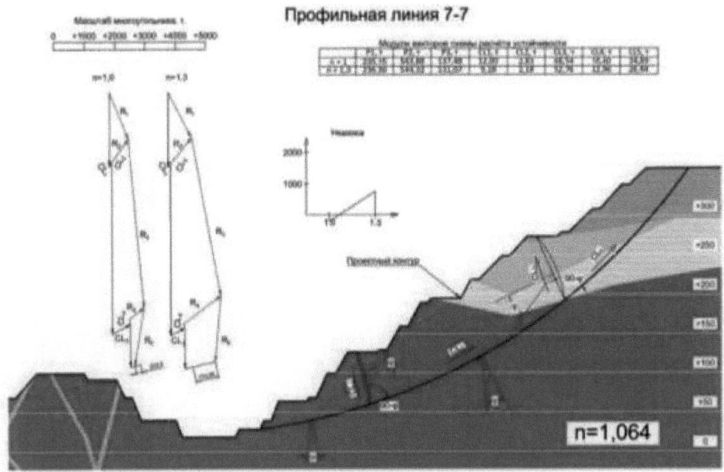

Cálculo da estabilidade para a secção 7-7

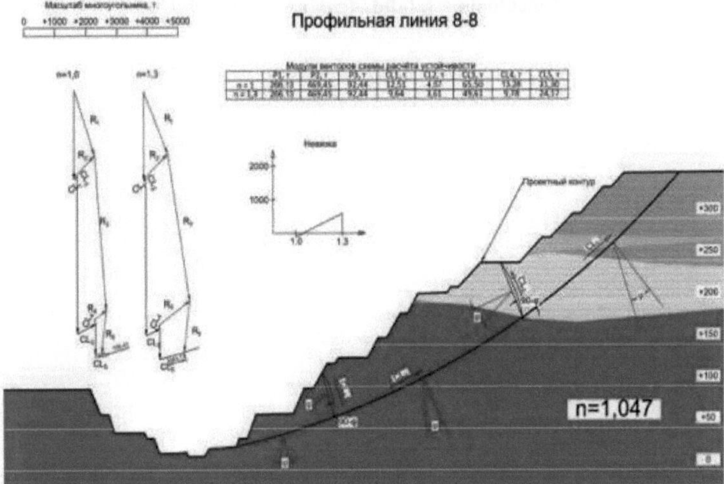

Cálculo da estabilidade para a secção 8-8

Профильная линия 9-9

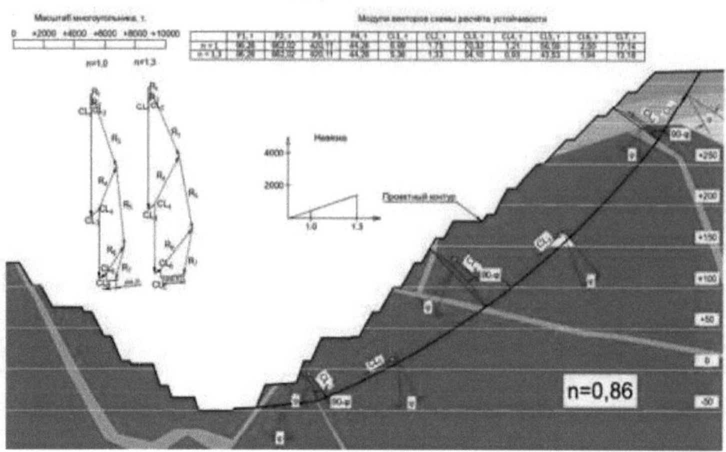

Cálculo da estabilidade para a secção 9-9

Профильная линия 10-10

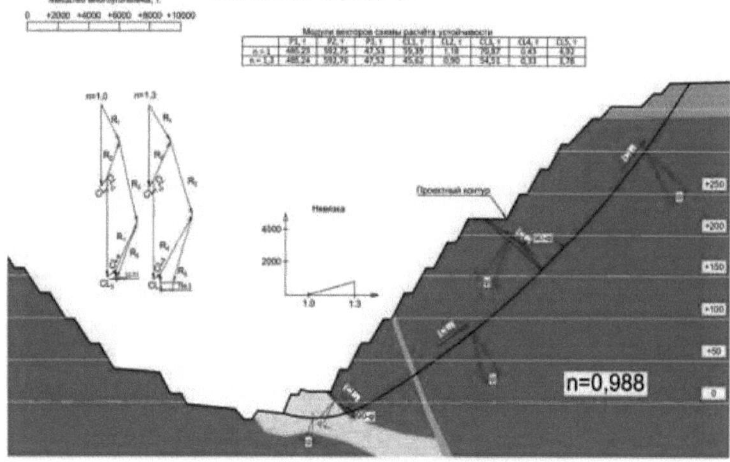

Cálculo da estabilidade para a secção 10-10

Профильная линия 11-11

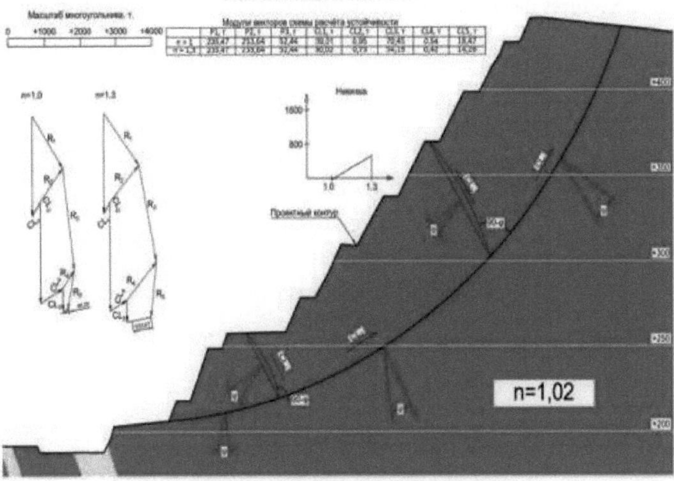

Cálculo da estabilidade para a secção 11-11

Профильная линия 12-12

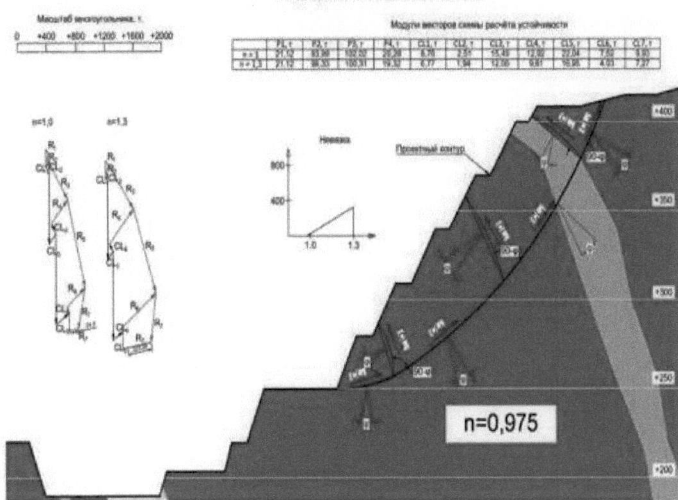

Cálculo da estabilidade para a secção 12-12

Anexo 7
Sectores de conceção com ângulos de saliência recomendados

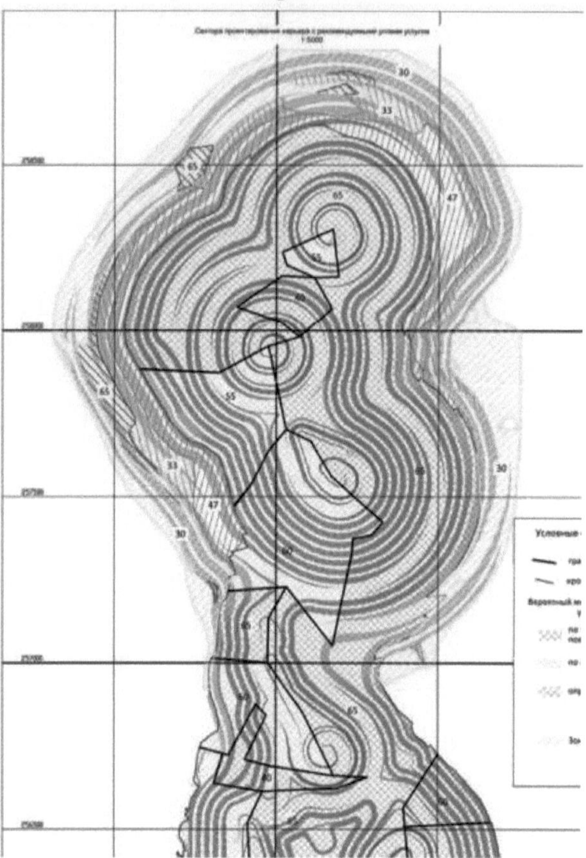

Anexo 8
Zoneamento de pedreiras por cantos gerais

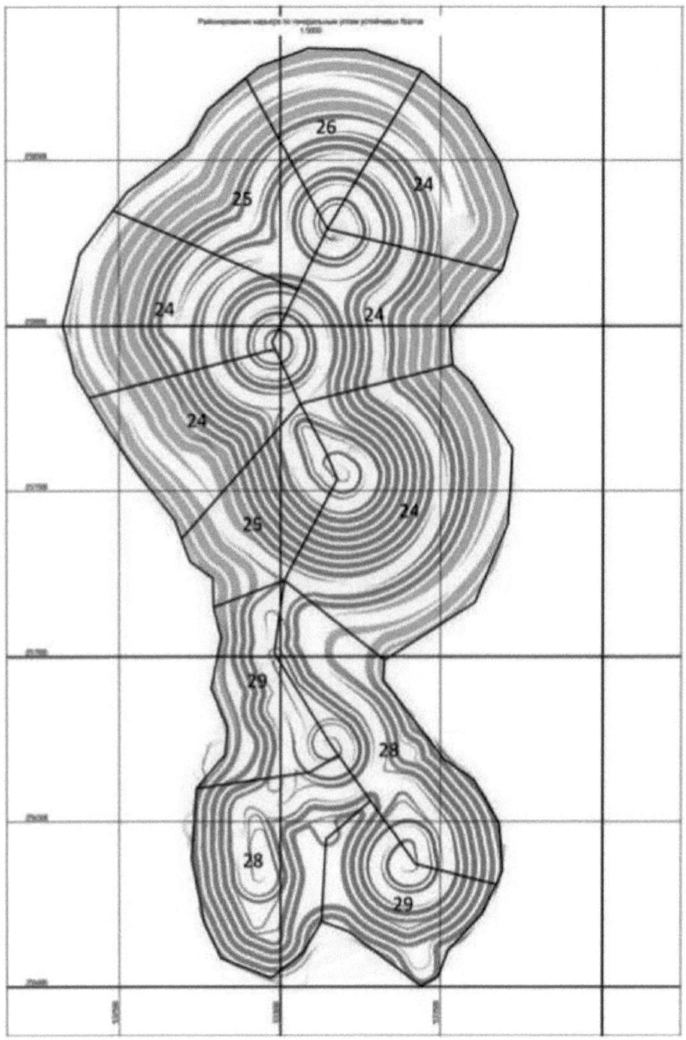

yes

I want morebooks!

Buy your books fast and straightforward online - at one of world's fastest growing online book stores! Environmentally sound due to Print-on-Demand technologies.

Buy your books online at
www.morebooks.shop

Compre os seus livros mais rápido e diretamente na internet, em uma das livrarias on-line com o maior crescimento no mundo! Produção que protege o meio ambiente através das tecnologias de impressão sob demanda.

Compre os seus livros on-line em
www.morebooks.shop

info@omniscriptum.com
www.omniscriptum.com

Printed by Books on Demand GmbH, Norderstedt / Germany